60分でわかる!

THE BEGINNER'S GUIDE TO SUSTAINABLE DEVELOPMENT GOALs

SDGs超入門

エスディージーズ

バウンド 著

功能 聡子（ARUN代表） 監修

佐藤 寛（アジア経済研究所・上席主任調査研究員） 監修

技術評

SDGs × バリューチェーン・マップ

企画・設計

《包装》

- 梱包材の重量やサイズの削減

12.5

- リサイクル可能率と“循環性”の最大

12.5

《設計》

- 製品ライフサイクルの環境に配慮した設計

該当なし

- 消費者の健康に配慮した設計

3.8、3.9

- 製品の重量やサイズの削減

該当なし

- リサイクル可能率と“循環性”の最大設計

6.4、12.5

調達(購買物流)

《原材料および部品》

- より持続可能な代替案の準備

12.2

- 開発におけるNo Net LossやNet Gain

7b、9a、14.2、14.5、15.1、15.2

《サプライヤーとの関係》

- サプライヤーの管理体制の構築と支援・育成

2a、8.3、12a、16.5、17.3、17.7

- 地域(小規模)サプライヤーからの供給

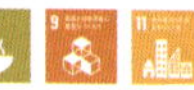

2.3、9.2、9.3、11.a

- 持続可能なサプライヤーからの供給

2.4、9.2、9.4、11.a、12.7

生産・製造

《生産拠点》

- 立地決定における持続可能性基準の考慮

9.1、9.2、9.4、11.c

《生産工程》

- エネルギーや水の使用量と排出量の削減

6.4、7.3、9.4、11.6

- 廃棄物管理の一元化と最適化

9.4、11.6、12.5

横断的取り組み

《技術》

- バリューチェーンの可視化と改善(データの有効性と分析)

6.4、7.3、9.4、12.7

- 製品のトレーサビリティにおける技術の適用

9.4

《労働基準》

- 公正な賃金と労働者権限の実行

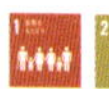

1.4、2.3、8.5、8.7、8.8、10.1、10.2、10.3、16.6

事業プロセスとゴール&ターゲットの関係がひと目でわかる！

輸送（出荷物流）　販売（流通）

《革新的な流通経路》

- クラウドシッピング販売

9.4

- より消費者に近い小売業者の開発と支援・育成

9.2

《車両の最適化》

- 革新的な車両技術

3.6、9.4

- 代替燃料の使用

7.2、12.2

《物流網と倉庫》

- 分散型流通ネットワークの検討

9.4

- スマートでグリーンな建物配備

9.4

- 設備と輸送のネットワークの共有

9.4

《輸送計画と実行》

- 輸送計画の最適化（車両の高度利用や走行距離の減少など）

9.4

- より持続可能な輸送形態の使用（インターモーダル輸送等）

9.4

- バリューチェーンの短縮（調達において同様）

9.2

消費・使用・廃棄

《処分》

- 製品の環境に配慮した処分の支援

11.6

《マテリアルフローの循環》

- 資源のリサイクル

9.4、11.6、12.5

- 資源の再利用

6.4、9.4、11.6、12.5

※各目標のアイコンの下にある数字・アルファベットは「ターゲット」を表しています。詳しくは、付録（P.149）を参照してください。

横断的取り組み

- 高い環境、健康、安全基準の実施

8.8

《投融資》

- 責任投資、環境格付融資、自然資本価値評価

1a、2a、7a、8.10、13a、15a、15b

所：環境省「すべての企業が持続的に発展するために －持続可能な開発目標（ＳＤＧｓ）活用ガイド－ 資料編」より作成

Contents

Part 4
正しくお金を使えば、世の中をよりよい方向へ導ける！
SDGs達成のカギを握る ESG投資とは？

Part 5
SDGsを経営にうまく取り込むための方法論
企業は経営とSDGsを どうリンクさせるのか？

■『ご注意』ご購入・ご利用の前に必ずお読みください

本書に記載された内容は、情報の提供のみを目的としています。したがって、本書を参考にした運用は、必ずご自身の責任と判断において行ってください。本書の情報に基づいた運用の結果、想定した通りの成果が得られなかったり、損害が発生しても弊社および著者、監修者はいかなる責任も負いません。

THE BEGINNER'S GUIDE TO SUSTAINABLE DEVELOPMENT GOALS

Part 1

世界全体で達成を目指す
17の目標

なぜSDGsは注目されるのか？

SDGs（持続可能な開発目標）とは？

全世界で達成を目指す目標がSDGs

SDGs（エスディージーズ） は、「Sustainable Development Goals（持続可能な開発目標）」の略称で、2015年9月、ニューヨークの国連本部で行われた国連サミットで採択された、**国連加盟193カ国が達成を目指す2016年から2030年までの国際目標**です。

世界を見渡せば、貧困、気候変動、人種やジェンダーに起因する差別など、さまざまな問題・課題に直面しています。こうした地球規模の問題を解決するために、「**誰ひとり取り残さない**」という共通理念のもと、SDGsでは**17の目標**と、それを達成するための169のターゲット（より具体的な目標、P.12）を設定しています。

たとえば、目標①「貧困をなくそう」は、ターゲットのひとつとして「1日1.25ドル未満で生活する極度の貧困をなくす」ことを設定していますが、同時に「2030年までに、各国定義によるあらゆる次元の貧困状態にある、すべての年齢の男性、女性、子どもの割合を半減させる」といったターゲットも設定されています。

その目標①の達成には、目標①だけを見ればいいわけでありません。SDGsは、17の目標が相互に関連しています。その視点を持てば、目標④「質の高い教育をみんなに」や目標⑧「働きがいも経済成長も」などが深く関連していることが見えてくるはずです。

「17の目標」に無縁な人は地球上に誰ひとりいません。これらの問題を「自分ごと」として考え、行動を起こさなければ、地球上のさまざまな問題・課題はより深刻化するでしょう。SDGsは、よりよい未来を目指すための世界共通の17の目標なのです。

世界が一丸となって達成を目指す17の目標

【目標1】
貧困をなくそう

【目標2】
飢餓をゼロに

【目標3】
すべての人に
健康と福祉を

【目標4】
質の高い教育を
みんなに

【目標5】
ジェンダー平等を
実現しよう

【目標6】
安全な水とトイレ
を世界中に

【目標7】
エネルギーをみんなに
そしてクリーンに

【目標8】
働きがいも
経済成長も

【目標9】
産業と技術革新の
基盤をつくろう

【目標10】
人や国の不平等
をなくそう

【目標11】
住み続けられる
まちづくりを

【目標12】
つくる責任
つかう責任

【目標13】
気候変動に
具体的な対策を

【目標14】
海の豊かさを
守ろう

【目標15】
陸の豊かさも
守ろう

【目標16】
平和と公正を
すべての人に

【目標17】
パートナーシップで
目標を達成しよう

出所:国連広報センター

目標とともに設定された169の「ターゲット」とは？

17の目標を達成するための具体的な目標

SDGsでは17の目標が掲げられていますが、それぞれの目標には、より具体的な「ターゲット」が設定されています。

ターゲットは、いわば「より具体的な未来の理想像」を示したものです。**SDGsでは169のターゲットが設定されています**（詳しくはP.149「付録」参照）。たとえば、目標①のターゲットは、「1.1、1.2……」「1.a、1.b……」、目標②のターゲットは「2.1、2.2……」「2.a、2.b……」のように、数字だけのものと数字のあとがアルファベットで表記されるものの2つのタイプで示されます。

数字のみのものは「目標の中身に関するターゲット」で、より具体的な目標が示されています。「1.1」では、「1日1.25ドル未満で生活する極度の貧困を終わらせる」ことをターゲットにしていますが、日本では1日1.25ドル未満で生活する人はごくまれです。「1.2」では、貧困状態にある人の半減をターゲットにしていますが、日本で貧困問題を語るときは「相対的貧困（世帯の所得が、その国の等価可処分所得の中央値の半分に満たない状態のこと）」がよく使われます。つまり、「日本には1日1.25ドル以下で生活する人なんていないから関係ない」ではなく、相対的貧困を貧困と考えて行動すべきです。このように国の状況に応じてターゲットを解釈することも必要です。

一方、**アルファベットで表記されるターゲットは、「ターゲットを実施する手段」**を示したものになっています。

各目標のターゲットを見れば、その目標が何を目指しているのかがより明確になるはずです。

各目標に設定されているターゲット（目標①の場合）

1 貧困をなくそう

あらゆる場所の あらゆる形態の貧困を終わらせる

目標の中身に関するターゲット

1.1
2030年までに、1日1.25ドル未満で生活する極度の貧困をあらゆる場所で終わらせる

1.2
2030年までに、貧困状態にある人の割合を半減させる

1.3
2030年までに、貧困層及び脆弱層に対し十分な保護を達成する

1.4
2030年までに、すべての人に金融サービス、経済的資源の平等な権利を確保する

1.5
2030年までに、貧困層や脆弱な状況にある人々の経済、社会、環境的ショックや災害に対する脆弱性を軽減する

ターゲットを実施する手段

1.a
開発途上国に対して適切かつ予測可能な手段を講じるため、さまざまな供給源からの相当量の資源の動員を確保する

1.b
貧困撲滅のための投資拡大を支援するため、国、地域及び国際レベルで、貧困層やジェンダーに配慮した政策的枠組みを構築する

まとめ
- □ 数字のみのターゲットは具体的な目標
- □ アルファベットを含むターゲットは実施手段

そもそも「持続可能な開発」とはどういうこと？

持続可能な開発には3つの要素の調和が必要

SDGsは「持続可能な開発目標」と訳されますが、SDGsを理解するには、「持続可能な開発」の意味を理解する必要があります。

国連では、「持続可能な開発」を「**将来の世代のニーズに応える能力を損ねることなく、現在の世代のニーズを満たす開発**」と定義しています。つまり、今だけでなく子ども、孫といった先の世代までのことを考えた開発が求められているということです。

「持続可能な開発」には、次の3要素の調和が求められています。

①**経済開発**………経済活動を通じて富や価値を生み出していくこと

②**社会的包摂**……社会的に弱い立場の人も含め、一人ひとりの人権を尊重すること

③**環境保護**………環境を守っていくこと

「社会的包摂」は難しい言葉ですが、「子ども、障害者、高齢者、難民、移民などの弱い立場に置かれた人々を排除せずに、それらの人々が社会に参加して、それぞれが持つ潜在的能力を発揮できる環境を整備すること」と言ってもいいかもしれません。

これまでの私たちは利益ばかりを追求して、環境や人権を犠牲にしてきました。しかし、環境破壊を続ければ地球は立ち行かなくなります。貧困問題を放置すれば、貧富の差が拡大し、持続的な経済成長は妨げられるでしょう。

「持続可能な開発」は、**「経済開発」「社会的包摂」「環境保護」の3つをトレードオフの関係ではなく、「いかに3つを並び立たせるか」を考えることを私たちに求めています。**

SDGsに求められる3要素の調和

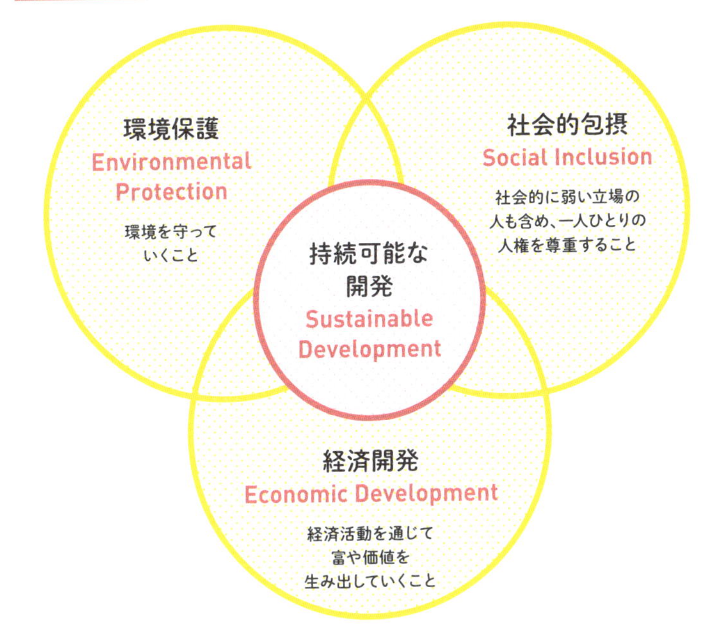

SDGsに求められる「5つの主要原則」

普遍性	国内実施と国際協力の両面で率先して取り組む
包摂性	人権の尊重とジェンダー平等の実現を目指し、脆弱な立場の人々まで、誰ひとり取り残さない
参画型	あらゆるステークホルダーや当事者の参画を重視し、全員参加型で取り組む
統合性	経済・社会・環境の3分野の統合的解決の視点を持って取り組む
透明性と説明責任	取り組み状況を定期的に評価、公表する

出所：持続可能な開発目標（SDGs）推進本部「持続可能な開発目標（SDGs）実施指針」

まとめ

☐ 持続可能な開発には、「経済開発」「社会的包摂」「環境保護」の調和が必要不可欠

SDGsの元になった MDGs（ミレニアム開発目標）とは？

MDGsを発展させたのがSDGs

SDGsのもとになったのが、2000年9月にニューヨークで開催された国連ミレニアム・サミットで採択された、**MDGs（Millennium Development Goals：ミレニアム開発目標）**です。

21世紀の国際社会の目標として、国連に加盟する全193カ国と23の国際機関が合意した**MDGsは、2015年までという期限付きの8つの目標と21のターゲットを掲げました。**

MDGsが設定されて以来、世界の国々と人々はその達成に向けて取り組みました。その結果、小学校に通う子どもの数は史上最高に達し、それまで男児に比べて低かった女児の就学率もほぼ同じになりました。また、幼児死亡率は劇的に低下し、安全な飲み水へのアクセスは大幅に拡大するなど、大きな進捗が見られました。

たとえば、目標①「極度の貧困と飢餓の撲滅」には、「2015年までに1日1ドル未満で生活する人々の割合を半減させる」というターゲットが設定されました。このターゲットについては、目標である2015年よりも早い2010年に達成しています。

このほかの目標でも成果は上がりましたが、サブサハラ・アフリカ（サハラ以南のアフリカ）における目標達成の遅れが大きな課題とされました。たとえば、目標④「児童死亡率の引き下げ」の「1990年から2015年までの期間に、5歳未満時の死亡率を3分の1に削減する」は未達に終わっています。

すべての目標が達成できたわけではないMDGsでやり残したことはSDGsに引き継がれています。

MDGsの8つの目標

目標❶ 極度の貧困と飢餓の撲滅

主なターゲット　1990年から2015年までに、1日1ドル未満で生活する人々の割合を半減させる。

目標❷ 初等教育の完全普及の達成

主なターゲット　2015年までに、すべての子どもたちが、男女の区別なく、初等教育の全課程を修了できるようにする。

目標❸ ジェンダー平等の推進と女性の地位向上

主なターゲット　できれば2005年までに初等・中等教育において、2015年までにすべての教育レベルで、男女格差を解消する。

目標❹ 児童死亡率の引き下げ

主なターゲット　1990年から2015年までの期間に、5歳未満児の死亡率を3分の1に削減する。

目標❺ 妊産婦の健康の改善

主なターゲット　1990年から2015年までに、妊産婦の死亡率を4分の3引き下げる。

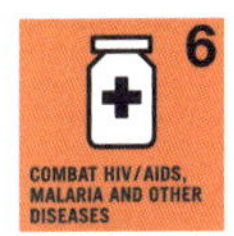

目標❻ HIV/エイズ、マラリア、その他の疫病の蔓延防止

主なターゲット　2015年までに、HIV/エイズの蔓延を阻止し、その後、減少させる。

目標❼ 環境の持続可能性の確保

主なターゲット　持続可能な開発の原則を各国の政策やプログラムに反映させ、環境資源の喪失を阻止し、回復を図る。

目標❽ 開発のためのグローバルなパートナーシップの構築

主なターゲット　開放的で、ルールに基づいた、予測可能でかつ差別のない貿易および金融システムのさらなる構築を推進する。

まとめ

- ☐ MDGsは8つの目標と21のターゲットが設定された
- ☐ MDGsは一定の効果はあったが、やり残しがあった

SDGsとMDGsの違いとは?

MDGsは主に途上国向けの目標だった

MDGsの8つの目標は、途上国に対して設定された目標ばかりでした。その目標が先進国主導で決められたこともあり、途上国の意向が反映されていないという問題点も指摘されていました。

その反省を踏まえつつ、SDGsでは、MDGsで達成できなかった目標の達成に取り組むとともに、気候変動への対策、雇用や労働のあり方、都市のあり方、格差是正、平和、イノベーションなどの新たな項目を追加してアップデートされています。そして、**途上国だけでなく、先進国を含めたすべての国々を対象に、豊かさを追求しながら地球環境、人権を守ることに重きが置かれており、目標が8から17に増えたことで、包括的な目標設定になっています。**

MDGsは途上国向けの目標だったこともあり、政府開発援助(ODA)などを中心にした対策が多かったため、民間企業が大きな関心を持つまでにいたりませんでした。

一方、SDGsは働きがいや技術革新といった目標をはじめ、より広範な目標が含まれているため、世界各国の政府はもちろんのこと、市民社会や民間企業などとの連携が求められています。目標⑰は、「グローバル・パートナーシップ(地球規模の協力関係)」の活性化についての目標になっていますが、MDGsのときのように公的機関だけの関与のみでは、より広範な課題を対象にしたSDGsの達成が難しいのは明らかです。そのため、SDGsでは、経済成長を主導する立場にある企業の重要性が増しており、資金面だけでなく、創造性やイノベーションの面でも大きな期待をされています。

SDGsとMDGsの主な違い

MDGs Millennium Development Goals

ミレニアム開発目標

2001年～2015年

- 8ゴール・21ターゲット（シンプルで明快）
- 途上国の目標
- 国連の専門家主導で策定

SDGs Sustainable Development Goals

持続可能な開発目標

2016年～2030年

- 17ゴール・169ターゲット（包括的で、互いに関連）
- すべての国の目標（ユニバーサリティ）
- 国連全加盟国で交渉
- 実施手段も重視（資金・技術など）

まとめ

- ☐ 途上国向けのMDGsを発展させたのがSDGs
- ☐ SDGsは途上国だけでなく先進国を含めた包括的な目標

なぜSDGsに取り組まなければいけないのか

企業、国、個人が野放図に振る舞えば、世界はもたない

では、なぜSDGsに取り組む必要があるのでしょうか。その答えを端的にいえば、**人間が環境保護や人権を考慮せず、利益を追求して野放図に振る舞い続ければ、世界が立ち行かなくなるからです。**利益だけを考えて森林をむやみに伐採すれば、環境は破壊され、生物多様性はなくなり、将来的に自然の恵みを享受できなくなります。

2019年8月にブラジル北部アマゾンの熱帯雨林で過去最大規模の火災が発生しましたが、その一因は、「環境保護」よりも「経済成長」を優先したブラジル政府の政策にあるといわれています。アマゾンの熱帯雨林は大量の二酸化炭素を吸収して酸素を吐き出す「地球の肺」といわれるように、地球全体に影響を与えかねません。たとえ、遠く離れた場所で起こったことでも他人事ではないのです。

地球環境に関しては、地球で人類が安全に活動できる範囲を科学的に定義し、定量化して示した「プラネタリー・バウンダリー（地球の限界）」という概念があります。これを見ると、地球はすでにいくつかの点で限界に達しているとされています。

また、経済成長の影でその恩恵を受けられず、不満を募らせる人が増え、社会を不安定化させる要因になっています。こうしたことを放置すれば、めぐりめぐって世界経済に悪影響を及ぼします。

地球の裏側で起こったことでも、「地球の住人」であると考えれば、他人事ではありません。**「自分たちさえよければいい」では、結果的に自らの首を締めることになります。SDGsは私たち人類と地球を守るために達成しなければいけない国際公約**なのです。

プラネタリー・バウンダリーで示された地球の状況

プラネタリー・バウンダリーとは？

限界を越えると、人間が依存する自然資源に対して回復不可能な変化が引き起こされるとされる。9つの環境要素のうち、「生物種の絶滅の速度」と「生物地球化学的循環」は、高リスクの領域にあり、「気候変動」と「土地利用変化」は、「リスク増大」の領域に達しているとされる。

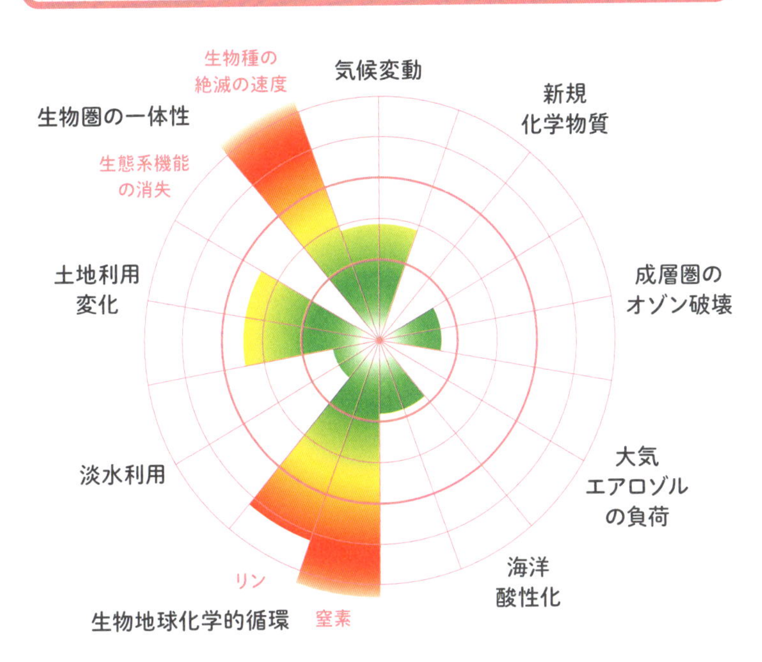

出所：Will Steffen et al.「Planetary boundaries :Guiding human development on a changing planet」、環境省

まとめ
- ☐ 全世界の人々が協力しなければ、地球は限界に達する
- ☐ SDGsは地球を守るために守らなければいけない国際公約

SDGsが達成できなかったら世界がどうなるかイメージしよう

自分が住む地球が抱える問題は放置できないものばかり

SDGsの重要性を理解するには、「2030年までにSDGsの各目標を達成できないとどうなるか」を考えるのもひとつの方法です。

たとえば、SDGsの目標①は、「あらゆる場所のあらゆる形態の貧困を終わらせる」です。もし、達成できなければ、世界はどうなるのでしょうか。

途上国には今日食べることに苦労する人がたくさんいる一方、先進国では食べきれないほどの食べ物に囲まれています。空腹が続けば、まともな生活ができるわけはありません。貧困は子どもを学校に通えなくするなど、さまざまな制限をもたらします。同じ地球に生まれたのに、理不尽なまでの格差を見過ごしていいのでしょうか。

この目標を誰ひとり残さずに達成できれば、貧困が引き起こす不幸を断ち切れるだけでなく、私たち日本人がつくるものを買ってくれるようになるかもしれません。遠く離れた異国に市場が生まれて、私たちの経済成長に貢献してくれるかもしれないのです。

このように、遠く離れた場所で起こっていることも、イマジネーションを使って考えていくと、必ずしも日本に住む私たちに無関係でないことが見えてきます。

世界にはさまざまな問題が山積しています。まずは自分が気になる目標について、当事者意識をもって「達成されないと世界はどうなるか」「達成すると、どう良くなるのか」をイメージしてみましょう。そうすることで、SDGsに取り組む必要性や重要性がより理解できるはずです。

地球上で起こっているさまざまな問題

環境問題

地球温暖化の進展　水問題の深刻化
自然災害の増加　エネルギー問題の深刻化
生物多様性の喪失　気候変動の激化　など

社会問題

貧困　感染症の流行
教育機会の不平等
さまざまな差別とハラスメント
少子高齢化・人口爆発
紛争の長期化・複雑化　など

経済問題

経済危機の頻発
経済格差の拡大
社会福祉財源の不足
雇用なき都市化の進行
若年失業率の高さ　など

このまま問題を放置すれば、「持続可能な開発」はできなくなり、世界は立ち行かなくなる！

まとめ

- □ 問題が解決されないとどうなるかを自分事として考える
- □ 問題が解決すると世界がどう良くなるかを考える

SDGsはさまざまな問題を同時に解決することを目指す

ほかの目標を犠牲にした目標達成は評価されない

SDGsの各目標の背景には複雑な要因があり、相互に影響し合っています。簡単な例でいえば、目標⑫のターゲットのひとつである「食品ロスの減少」を目指すと、目標⑧のターゲット「資源効率を漸進的に改善」の達成に寄与できます。その試みは飢餓で苦しむ人々に食糧を回すことにつながり、貧困の撲滅（目標①）に寄与できるかもしれません。また、食品ロスをなくす意識が低い人を減らすためには、教育による正しい知識の習得（目標④）が必要でしょう。

一方、目標⑪「住み続けられるまちづくりを」を達成するために森林を伐採すれば、目標⑮「陸の豊かさも守ろう」の達成を遠ざけるような場合もあります。それでも、ある目標を達成するために別の目標の達成を犠牲にできません。両立が難しくても次の3つの観点を持ち、知恵を絞って達成を目指すのがSDGsです。

・**世界や社会ニーズに合わせた目標設定をすること**
・**外部の視点から必要な目標設定をすること**
・**実施する取り組み全体に「持続可能性」を組み込むこと**

そのうえで、**相互に連関するSDGsの複数ゴールの同時解決（＝マルチベネフィット）をもたらす取り組みを行うのです。**

その実現には世界中の人が立場の違いを超え、これまで別々に解決を試みてきた問題・課題を関連づけて捉え直すことが必要です。政府、企業、個人などがバラバラでは複雑化した問題を解決できません。目標⑰が「パートナーシップ」を掲げるのは、それなくして統合的な問題解決ができないからです。

食品ロス削減の事例からSDGsの各目標の連関を見る

8.2 高いレベルの経済生産性
8.4 資源効率を漸進的に改善

12.2 天然資源の持続可能な管理及び効率的な利用
12.5 廃棄物の発生を大幅に削減

13.2 気候変動対策

同時達成

ターゲット12.3
小売・消費レベルにおける世界全体の一人当たりの食品の廃棄を半減させ、収穫後損失等の生産・サプライチェーンにおける食品の損失を減少させる

効果

17.14 政策の一貫性を強化
17.16 グローバル・パートナーシップを強化
17.17 公的、官民、市民のパートナーシップを奨励・推進

2.1 飢餓の撲滅
2.2 栄養不良の解消
2.4 持続可能な食料生産システムの確保

効果

効果

4.7 知識及び技能の習得

9.4 インフラ改良や産業改善により、持続可能性を向上

出所：環境省

まとめ
- □ SDGsの各目標は相互にかつ複雑に連関している
- □ 複数のゴールを同時解決できる取り組みを目指すことが大事

5つの「P」で考えるとSDGsはよりわかりやすくなる

17の目標は5つのキーワードに分類される

SDGsには17の目標がありますが、すべてを覚えるのは大変です。そこで「**5つのP**」と呼ばれるキーワードで考えると、17の目標が整理されるのでイメージがしやすく、SDGsそのものをつかみやすくなります。SDGsの17の目標をすべて覚えていなくても、「5つのP」を知っていれば、SDGsが目指すものをおおまかに理解できるはずです。

①**People（人間）**……すべての人の人権が尊重され、尊厳をもち、平等に、潜在能力を発揮できるようにする。貧困と飢餓を終わらせ、ジェンダー平等を達成し、すべての人に教育、水と衛生、健康的な生活を保障する。

②**Prosperity（豊かさ）**……すべての人が豊かで充実した生活を送れるようにし、自然と調和する経済、社会、技術の進展を確保する。

③**Planet（地球）**……持続可能な消費と生産、天然資源の持続可能な管理、気候変動への緊急対応などを通じ、地球の劣化を防ぐことにより、現在と将来の世代のニーズを支えられるようにする。

④**Peace（平和）**……平和、公正で、恐怖と暴力のない、すべての人が受け入れられ、参加できる包摂的な世界を目指す。

⑤**Partnership（パートナーシップ）**……グローバルな連帯強化の精神に基づき、政府、民間セクター、市民社会、国連機関を含む多様な関係者が参加する、グローバルなパートナーシップにより実現を目指す。

17の目標と「5つのP」の関係性

① People（人間） 貧しさを解決し、健康に

② Prosperity（豊かさ） 経済的に豊かで、安心して暮らせる世界に

③ Planet（地球） 自然と共存して、地球の環境を守る

④ Peace（平和） 争いのない平和を知ることから実現

⑤ Partnership（パートナーシップ） みんなが協力し合う

出所：国際連合広報センター「SDGsを広めたい・教えたい方のための「虎の巻」」より作成

まとめ

- □ SDGsの17の目標は、目的別に大きく5つに分類できる
- □ 「5つのP」を覚えればSDGsが目指すものがわかる

「環境保護」の重要性を示したSDGsウェディングケーキモデル

環境があってこそ、社会と経済が成立している

SDGsは「環境保護」が大きな柱のひとつです。その重要性をわかりやすく示したのが、スウェーデン人の環境学者J･ロックストローム氏とインド人の環境経済学者P・スクデフ氏によってつくられた「**SDGsウェディングケーキモデル**」です。ふたりはSDGsの基礎となった概念「プラネタリー・バウンダリー（地球の限界）」(P.20)を提唱したことでも知られています。

このモデルは、環境（生物圏、Biosphere)、社会（Society)、経済（Economy）の3階層からなっており、「環境」の上に、「社会」と「経済」を置くことで、**自然からの恵みによって私たちの社会や経済が支えられていることを示し、SDGsの目標を関連づけることで視覚的に環境保護の重要性を表しています。**

私たちは地球環境とそれを支える生物多様性が生み出す生態系サービス(＝生物多様性を基盤とする生態系から得られる恵み)から、食料や水の供給､気候の安定などの恩恵を受けています。しかし､「環境」を自らの手で破壊してきました。1990年～2020年に5～15%の生物種が絶滅するといわれていますが、その原因のほとんどは人間による開発、乱獲、汚染とされています。

J.ロックストローム氏は、「今こそ、地球環境が安定して機能する範囲内で将来の世代に渡って成長と発展を続けていくための、新しい経済と社会のパラダイムが求められています」と述べたように、**土台となる環境が破壊されれば、社会は不安定になり、経済成長どころではなくなるということです。**

SDGsウェディングケーキモデル

人間社会と経済活動のサステナビリティは、
環境（生物多様性）を土台に成立している。

出所：ストックホルム・レジリエンス・センター

まとめ

- □ SDGsウェディングケーキモデルは環境の重要性を示す
- □ 環境が破壊されれば、社会や経済は不安定になる

世界全体でSDGsの取り組みはどれくらい進捗しているのか

依然、「誰ひとり取り残さない」からはほど遠い

国連は、SDGs の進捗状況を「持続可能な開発目標（SDGs）報告」というレポートで発表しています。2018 年 6 月に発表された 2018 年版から現在の進捗状況を概観します。

このレポートでは、「人々の生活は概して、10 年前よりも改善していますが、誰ひとり取り残さないための前進は、2030 アジェンダの目標を達成できる速度では進んでいません」と指摘しており、各国とあらゆるステークホルダー（利害関係者）が直ちに行動を加速することを求めています。

わかりやすい例を見てみると、目標②「飢餓をゼロに」に関しては、全世界で栄養不良状態にある人々の割合は、2015 年の 10.6% から 2016 年の 11.0% へと上昇しているほか、目標③「すべての人に健康と福祉を」に関するものでは、マラリア症例が 2013 年の 2 億 1,000 万人から 2016 年には 2 億 1,600 万人と上回っていることを報告しています。依然、状況が悪化しているものも少なくないのです。

一方、1 人当たり 1 日 1.90 ドル未満で家族と暮らす世界の労働者の割合は、2000 年の 26.9% から 2017 年の 9.2% へと大幅に低下し、世界人口のうち電力が利用できる人々の割合は、2000 年の 78% から 2016 年には 87% になり、電力なしで暮らす人が 10 億人を切るなど改善している点も見られます。しかし、裏を返せば、依然、世界の約 6 人に 1 人が電気のない生活を強いられていることに気付かされます。**SDGs の理念は「誰ひとり取り残さない」ですから、たとえ状況が改善していても、やるべきことは山積しているといえます。**

「持続可能な開発目標(SDGs)報告2018」の主な調査結果

1日1.90ドル未満で暮らす
極度の貧困状態にある人は7億8,300万人

栄養不良の人々の数は、
2015年の7億7,700万人から
2016年の8億1,500万人へと増大した

南アジアでは、女児が子どものうちに
結婚するリスクが40%以上も低下した

2015年の時点で、23億人が依然として、
基本的な水準の衛生サービスさえ受けられず、
8億9,200万人が屋外排泄を続けている

2016年の時点で、ほぼ10億人が
電力を利用できていない。
そのほとんどは農村部に居住している

2017年の時点で、災害に起因する
経済的損失は3,000億ドルを超え、
近年でも稀に見る大きな損失となった

出所:国際連合広報センター「持続可能な開発目標(SDGs)報告2018」

まとめ

- □ 多くの目標は改善に向かっているが全達成まではほど遠い
- □ マラリアが増えるなど、悪化しているターゲットも少なくない

世界の国々のSDGsの達成状況を知る

先進国に問われる社会的責任と改革

国連持続可能な開発ソリューション・ネットワーク（SDSN）と独ベルテルスマン財団は、毎年、「Sustainable Development Report」を発表して各国の達成状況を分析しており、2019年6月に発表した「2019年版」では、162カ国を評価しています。

上位5カ国は、デンマーク、スウェーデン、フィンランド、フランス、オーストリアなどの欧州諸国で占められています。

一方、下位には、最下位の162位は中央アフリカをはじめ、チャド、コンゴ民主共和国といったアフリカ諸国が多く名を連ねています。

気になる日本の順位ですが、2017年版では11位、2018年版では15位、そして2019年版でも15位でした。ちなみに、世界1位の経済大国であるアメリカは35位、同2位の中国は39位です。とくに消費大国であるアメリカ、中国の影響力は大きいため、自国経済優先ではなく、今後はより国際協調を求められるはずです。

GDP上位5カ国の達成状況を色分けした表を見ても、達成を示す「緑」の数は少なく、「赤」が多くなっています（緑→黄→橙→赤の順に評価が下がる）。このことからも、**2030年のSDGs達成にはまだほど遠く、世界全体でSDGsの取り組みをさらに推進しなければいけない**ことがわかります。

なお、このレポートでは、地球全体に与える影響力の大きい先進国の社会的責任を問う内容になっており、なかでも「目標⑬気候変動に具体的な対策を」「目標⑭海の豊かさを守ろう」「目標⑮陸の豊かさも守ろう」の取り組みを加速する必要性を訴えています。

SDGs達成度ランキング(2019年版)

順位	国名	スコア
1	デンマーク	85.2
2	スウェーデン	85.0
3	フィンランド	82.8
4	フランス	81.5
5	オーストリア	81.1
6	ドイツ	81.1
7	チェコ	80.7
8	ノルウェー	80.7
9	オランダ	80.4
10	エストニア	80.2
11	ニュージランド	79.5
12	スロベニア	79.4
13	イギリス	79.4
14	アイスランド	79.2
15	日本	78.9

順位	国名	スコア
148	ジブチ	51.4
149	アンゴラ	51.3
150	レソト	50.9
151	ベナン	50.9
152	マリ	50.2
153	アフガニスタン	49.6
154	ニジェール	49.4
155	シエラレオネ	49.2
156	ハイチ	48.4
157	リベリア	48.2
158	マダガスカル	46.7
159	ナイジェリア	46.4
160	コンゴ民主共和国	44.9
161	チャド	42.8
162	中央アフリカ	39.1

出所:SDSN、独ベルテルスマン財団「Sustainable Development Report 2019」

GDP上位5カ国の目標別達成状況(2018年)

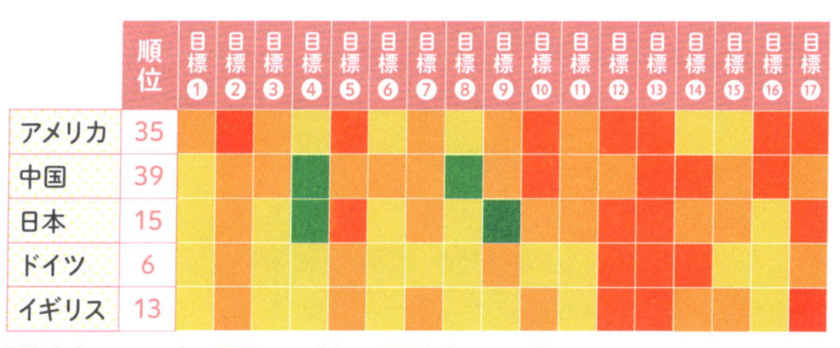

出所:SDSN、独ベルテルスマン財団「Sustainable Development Report 2019」

まとめ

- ☐ 2030年のSDGs達成にはほど遠い状況
- ☐ 日本はSDGs達成度ランキングで世界15位

SDGs達成度は「世界15位」日本国内の達成状況を知る

17の目標のうち「達成」はわずか2つだけ

P.32でも紹介したとおり、世界における日本のSDGs達成度ランキングは15位でした。では、SDGsの17の目標について、日本はどのように評価されているかを具体的に見ていきましょう。

このレポートでは、国ごとに17の目標の達成状況を「達成できている」「達成に近いが課題あり」「課題が多い」「達成にはほど遠い」の4段階で評価しています。

緑色で表示される「達成」は、「目標④質の高い教育をみんなに」「目標⑨産業と技術革新の基盤をつくろう」の2つしかなかった一方、「達成にはほど遠い」とされる目標は、「目標⑤：ジェンダー平等を実現しよう」「目標⑫つくる責任つかう責任」「目標⑬：気候変動に具体的な対策を」「目標⑰：パートナーシップで目標を達成しよう」の4つもありました。

2018年版「グローバル・ジェンダー・ギャップ指数」で、調査対象149カ国のうち日本は110位とG7（先進国首脳会議）の参加国で最下位だったように、男女の給与格差をはじめとする女性に対する不平等が依然根強く残っているほか、再生可能エネルギーの割合の低さ、漁業資源の管理など、日本の課題が浮き彫りになっています。

SDGsはある時点で達成していても状況が悪化すれば、評価は下がるため、継続的に問題に取り組まなければいけません。

また、SDGsは全世界共通の目標ですから、日本がすべての目標を達成するために他国の協力は不可欠ですし、他国の目標達成に寄与することも求められています。

日本のSDGsの達成度とトレンド

達成にはほど遠い　課題が多い　達成に近いが課題あり　達成できている

↓ 悪化　→ 現状維持　↗ 改善　↑ 達成もしくは達成予定　— 不明

出所：SDSN、独ベルテルスマン財団「The Sustainable Development Report 2019」

まとめ

- □ 日本がすでに達成している目標は2項目しかない
- □ なかでも「目標⑩人や国の不平等をなくそう」は悪化している

誰でもSDGsの達成に貢献できる

自宅のソファで寝たままでもSDGs に貢献できる

全世界的な目標であるSDGsは、世界中のすべての人々が当事者意識を持つことが大切ですが、「貧困をなくそう」「海の豊かさを守ろう」といった壮大な17の目標は、国、地方自治体が考えることで、企業が取り組むべきことではないと考えがちです。もっといえば、個人としての自分とは遠く離れた関係のないことだと思いがちです。しかし、**すでにあなた自身、あなたが働く会社も貢献している可能性がある**のです。

たとえ、ソファに寝転がっていても、見ていないテレビの電気を消せば省資源につながりますし、日常生活でマイバッグを持参してレジ袋を断ったり、職場で男女差別に声を上げることもできます。

2019年9月に国連本部で開かれた気候行動サミットで、16歳のスウェーデン人環境活動家グレタ・トゥンベリさんが「大人たちは地球温暖化対策に真剣に取り組んでいない」と訴えたことが話題になりました。このように世界では地球に暮らす当事者として現状に危機感を持ち、行動を起こす人が増えているのです。

国連広報センターは、「持続可能な社会のために　ナマケモノにもできるアクション・ガイド」で誰もができるSDGsに貢献できることを4つのレベルに分けて、わかりやすくまとめています。右ページではその一部を抜粋していますが、一個人として、そして自分が勤める企業の一員として、よりよい世界にすることに貢献できるアクションをすでに実行していることに気づくはずです。それと同時に、できることはもっとあると感じるのではないでしょうか。

日常生活のなかでSDGsに貢献できること

Level：1　ソファに寝たままできること

- ドライヤーや乾燥機を使わずに自然乾燥させよう！
- 紙やプラスチック、ガラス、アルミをリサイクルしよう！
- エアコンの温度を、冬は低め、夏は高めに設定しよう！
- ソーラパネルを家に取り付けよう。電気代は確実に減るはず！

Level：2　家にいてもできること

- 電気を節約しよう。
- 女性の権利や気候変動に関する投稿を友達にシェアしよう！
- 印刷はできるだけしない！
- ネットショッピングするなら、環境にやさしい取り組みをしている企業から！

Level：3　家の外でできること

- 買い物は地元でしよう！
- 買い物にはマイバッグを持参しよう！
- 使わないものは寄付しよう！
- ビンテージものを買おう！

Level：4　職場でできること

- 同一労働同一賃金を支持する声を上げよう。
- 職場で差別があったら、どんなものであれ声を上げよう！
- 社内の冷暖房装置は省エネ型に！
- 生態系に害を及ぼしている業者からの調達はストップ！

出所：国連広報センター「持続可能な社会のために　ナマケモノにもできるアクション・ガイド」より作成

まとめ
- □ 家でも職場でもSDGsに貢献できる方法はたくさんある
- □ 日常的にSDGsに貢献できることを考え、意識を高める

Column

SDGs先進国デンマークの「ヒュッゲ」とは？

デンマークは2019年に発表されたSDGs達成度ランキング（P.33）で1位になったSDGs先進国です。1人当たりの名目GDPでは日本の3万9,304ドル（IMF、2018年）を大きく上回る6万897米ドル（同）と、世界トップクラスの強い経済力を誇っています。それだけでなく、国連の関連団体が発表する「世界幸福度ランキング2019」では、同じ北欧のフィンランドに次ぐ2位でした。ちなみに、このランキングの日本の順位は、2018年より4つ順位を落として58位でした。

その幸福度を支えているデンマーク特有の考え方が「ヒュッゲ（Hygge）」です。ぴったり当てはまる日本語はありませんが、「家族や友人との温かく居心地のよい雰囲気・時間」という意味を持つデンマーク人の価値観を象徴する言葉です。近年、欧米でもこの概念が注目され、日本でも使われるようになってきました。

デンマーク人は、「家族や友人との時間」や「自然とのふれあい」「見栄を張らず、ムダなモノがない生活」に居心地のよさを感じ、それを大事にしているといいます。世界幸福度ランキングで常に上位なのは、こうした日常から幸せを感じることができるからでしょう。幸せを感じることができれば、人に対してもやさしくできる余裕が生まれます。そのやさしさの輪が国全体に広がっているからこそ、デンマークは、同性パートナーシップを初めて認めるなど、ダイバーシティ（多様化）が進んでいるのかもしれません。「ヒュッゲ」は、SDGsで掲げられた目標を解決するために必要な「環境」「人権」「経済」を並び立たせるためのヒントを日本人にも与えてくれる考え方かもしれません。

THE BEGINNER'S GUIDE TO SUSTAINABLE DEVELOPMENT GOALS

Part 2

取り組めばメリット、
取り組まなければリスクになる！

企業がSDGsに取り組むべき理由

社会の変化で変わってきた企業に求められること

今、世界中の企業に最も求められているのが「SDGs」

日本の企業数は、2015年末の約400万社から2040年末には約300万社（73.4%）へと減少が予想されており、とくに地方では大幅な減少が見込まれています。今後は、企業はこれまで以上のスピードで大きな変化を経験するでしょう。そのスピードについていけない企業は淘汰されることになるはずです。

そのような環境下では、企業としてはもちろんのこと、ビジネスパーソンとしても意識の変革を求められます。時代とともにめまぐるしく変化していくライフスタイル、消費行動、環境や人権に対する意識など、さまざまな変化に敏感になりつつ、長い時間軸で将来を見通す力を養う必要があるのです。

振り返っても、そのときどきで企業やビジネスパーソンが求められるものが変わってきています。1990年代は、地球温暖化などの環境問題に対する意識の高まりから、環境を保護する取り組みを求められるようになりました。その後は、CSR（企業の社会的責任）が重視され、今では当たり前に考えるべきことになっています。そして現在は、SDGsが大きな注目を集めています。

これまでに環境に配慮しなかったり、人権に対する意識が低かったために、ステークホルダーから支持されなくなった企業は多くありました。**今後、SDGsに取り組まなければ、時代の要請に応えていないとみなされるようになる**でしょう。逆にいえば、**「SDGsへの関与」と「企業の持続可能性」は、今後よりいっそう密接な相関性を持つようになる**はずです。

SDGs採択に至るまでの背景となる動き

	環境関連	人権関連
1965年		人種差別撤廃条約採択
1966年		社会権規約採択、自由権規約採択
1973年	ワシントン条約(絶滅危惧種保護)採択	
1976年	OECD多国籍企業行動指針策定	
1979年	長距離越境大気汚染条約採択	女性差別撤廃条約採択
1984年		拷問等禁止条約採択
1985年	ウィーン条約採択	
1987年	環境と開発に関する世界委員会報告書 「Our Common Future」 モントリオール議定書(フロンガス規制)	
1988年	IPEC(国連気候変動に関する 政府間パネル)設立	
1989年		子どもの権利条約採択
1990年		移住労働者権利条約採択
1992年	環境と開発に関する 国連会議(リオ・サミット)、 気候変動枠組条約採択、 国連生物多様性条約採択	
1997年	京都議定書採択	
2000年	ミレニアム開発目標(MDGs)採択	
2002年	持続可能な開発に関する世界サミット(リオ+10)	
2006年	国連責任投資原則(PRI)	障害者権利条約採択、強制失踪防止条約採択
2010年	ISO26000社会的責任に関する手引き発行	
2011年		国連ビジネスと人権に関する指導原則
2012年	国連持続可能な開発会議(リオ+20)	
2015年	持続可能な開発目標(SDGs)採択	
	パリ協定採択	

まとめ

- □ 時代は企業がSDGsに取り組むことを求めている
- □ SDGsに取り組まないと、ステークホルダーから支持されない

「SDGs」と「CSR」「CSV」はいったい何が違うのか？

SDGsを理解すれば、CSRやCSVと混同することはない

「SDGs」「CSR」「CSV」といった言葉の違いが紛らわしいと混乱する人は少なくありません。ここで簡単に整理しておきましょう。

過去を振り返ると、企業は利益を追求するなかで公害問題や産地偽装、粉飾決算などの不正行為をするなど、さまざまな問題を起こしてきました。

こうした経験から消費者、投資家、社会全体などのあらゆるステークホルダーに対する適切な意思決定を行い、倫理的観点から事業活動を通じて自主的に社会に貢献するCSR（**企業の社会的責任**：Corporate Social Responsibility）が強く意識されるようになってきました。CSR活動には、法令順守はもちろんのこと、ステークホルダーに対する説明責任を果たすことが含まれます。一方で本業とは関係ないかたちで寄付やボランティア活動などの自主的な取り組みを行う、企業がお金を持ち出して「善いこと」を行うといったイメージでとらえられることも多くなっています。

似た言葉に、M・ポーター教授が提唱したCSV（**共創価値**：Creating Shared Value）があります。従来は相容れないと考えられていた「経済効果」と「社会的価値の創出」の両立を目指す考え方で、「社会的問題・課題解決のビジネス化」ともいわれます。CSRより経済的側面に力点が置かれているといえます。

SDGsは「事業を通じて、環境や人権などの社会課題を解決し、持続的な経済発展」を目指す点で、CSRやCSVと似ていますが、国連が採択した「目標」という点で性質は異なります。

SDGsとCSR、CSV

SDGs
Sustainable Development Goals

持続可能な開発目標
- 2015年に国連で採択

全世界共通で目指すべき
17の目標と169のターゲット

CSR
Corporate Social Responsibility

企業の社会的責任
- 1990年代より
使われ始める

本業に関係ない
寄付・ボランティア活動
などによる社会貢献

例）家電メーカーによる
森林再生
プロジェクト など

CSV
Creating Shared Value

共創価値の創造
- 2011年にM・ポーター
教授らが提唱

社会的問題・課題解決
のビジネス化

例）東日本大震災の
被災地の農産物を
使った新商品の
開発 など

まとめ
- ☐ CSR、CSVはモノの考え方、SDGsは具体的な目標
- ☐ CSR、CSV双方の考え方は、SDGsを考えるうえで必要

年間12兆ドルの経済価値を生むとされるSDGsの経済効果

SDGsは2030年までに莫大な経済効果と雇用を生む

2017年1月に開催された世界経済フォーラム（ダボス会議）において、ビジネス＆持続可能開発委員会（BSDC）は、実体経済の約60％を占める「食料と農業」「都市」「エネルギーと材料」「健康と福祉」の4つの経済システム（P.46）で、2030年までに「**企業がSDGsを達成することによって年間12兆ドル（約1,320兆円）の経済価値がもたらされ、最大3億8,000万件以上の雇用が創出される可能性がある**」と発表しました。

SDGsを達成をしなければ地球は立ち行かなくなります。企業が事業活動によって地球の危機的な状況を好転させる役割を求められている以上、SDGsという世界共通の目標の達成に貢献できる事業を手掛けることは、すなわち大きなビジネスチャンスにつながることを意味します。企業にとって、SDGsが「宝の山」といわれるのは、17の目標、169のターゲットのなかに、新しいビジネスを発見するヒントがあるからです。

BSDCは、「市場機会の価値」という言葉で、その経済効果を試算しています。たとえば、12兆ドルのうち、モビリティシステム（交通手段の選択を支援する情報提供システムや自家用車を代替し得る新たな交通手段など）は、2030年までに2.02兆ドル（約222兆円）の経済効果があると推定されています。つまり、SDGsに関与しないことは、こうした市場機会をわざわざ逸することを意味します。

営利を目的にする企業がSDGsに注目すべきなのは、SDGsが利益に直結するという側面があるからともいえるのです。

2030年における市場機会の価値

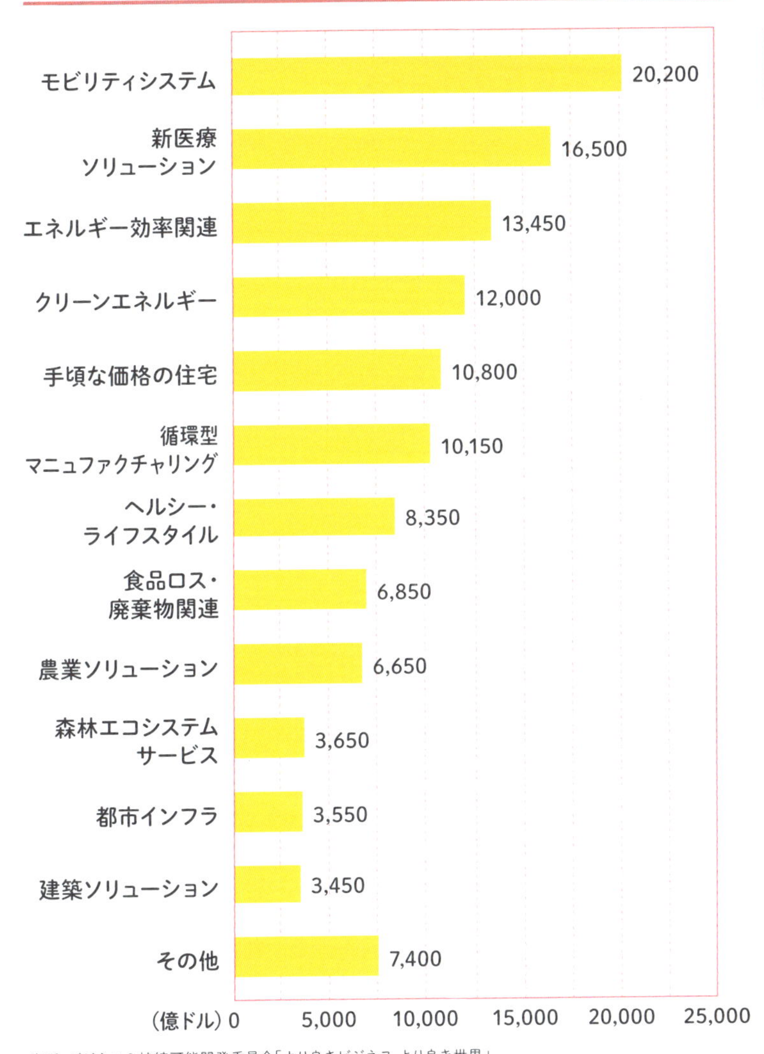

出所：ビジネス＆持続可能開発委員会「より良きビジネス より良き世界」

まとめ

- □ SDGsは年間12兆ドル規模の巨大なビジネスチャンスを生む
- □ 企業がSDGsに関与しないことで失う利益は大きい

SDGsとビジネスチャンスが連動する60の領域

経済、環境、社会の持続的発展に寄与するビジネス機会

ビジネス＆持続可能開発委員会（BSDC）は「食料と農業」「都市」「エネルギーと材料」「健康と福祉」の4分野で、2030年までに12兆ドルの経済価値が創出される可能性があると示唆しましたが、**60の領域でビジネスチャンスがある**としています。

ここに挙げられている60の領域は、いずれもSDGsが示す地球規模の課題に対してプラスの影響を与え、SDGsの達成に貢献するものばかりです。つまり、社会的および環境的な持続可能性の追求と、利益追求を同時実現できるものになっています。これらの領域で革新的な技術や解決アイデアを持つ企業は、SDGsに貢献できるうえ、さらなる市場拡大が期待できます。

逆に、SDGsに直結しない現業に固執し続ける企業は、持続可能な成長モデルに移行できないまま時代の流れに取り残され、企業の持続可能性という点で大きなリスクを背負うことになります。

たとえば、米カリフォルニア州ではレストランによる使い捨てのプラスチック製ストローの提供が禁止されるなど、世界的にプラスチック製のカトラリーやレジ袋の利用をやめる動きが加速しています。マイクロプラスチックによる環境汚染や健康被害、ごみ問題が深刻な問題として認知されてきたからです。こうした時代の要請に応じないと、それが理由で事業に悪影響を与える可能性もあります。

BSDCが示した60の領域は、未来のビジネスチャンスを示唆するのと同時に、これらに取り組まないことがリスクであることも示しているといえます。

ビジネスチャンス60の領域

食料と農業	都市	エネルギーと材料	健康と福祉
バリューチェーンにおける食糧浪費の削減	手ごろな価格の住宅	サーキュラーモデル - 自動車	リスク・プーリング
森林生態系サービス	エネルギー効率 - 建物	再生可能エネルギーの拡大	遠隔患者モニタリング
低所得食糧市場	電気およびハイブリッド車	循環モデル - 装置	遠隔治療
消費者の食品廃棄物の削減	都市部の公共交通機関	循環モデル - エレクトロニクス	最先端ゲノミクス
製品の再調整	カーシェアリング	エネルギー効率 - 非エネルギー集約型産業	業務サービス
大規模農場におけるテクノロジー	道路安全装置	エネルギー保存システム	偽造医薬品の検知
ダイエタリースイッチ	自律車両	資源回復	たばこ管理
持続可能な水産養殖	ICE(内燃エンジン)車両の燃費	最終用途スチール効率	体重管理プログラム
小規模農場におけるテクノロジー	耐久性のある都市構築	エネルギー効率 - エネルギー集約型産業	改善された疾病管理
小規模灌漑	地方自治体の水漏れ	炭素捕捉および格納	電子医療カルテ
劣化した土地の復元	文化観光	エネルギーアクセス	改善された母体・子供の健康
包装廃棄物の削減	スマートメーター	環境にやさしい化学物質	健康管理トレーニング
酪農の促進	水と衛生設備	添加剤製造	低コスト手術
都市農業	オフィス共有	抽出物現地調達	
	木造建造物	共有インフラ	
	耐久性のあるモジュール式の建物	鉱山復旧	
		グリッド相互接続	

出所:ビジネス&持続可能開発委員会「より良きビジネス より良き世界」

まとめ

- ☐ BSDCは60の領域にビジネスチャンスがあることを示した
- ☐ 60の領域に取り組まなければ、大きなリスクになる可能性大

大企業だけではない！中小企業こそ取り組むべき理由

中小企業の取り組みは遅れている

関東経済産業局と日本立地センターが2018年12月に発表した「中小企業のSDGs認知度・実態等調査」によると、中小企業経営者にSDGsの認知度を聞いた設問では、「SDGsについてまったく知らない」が84.2%、「聞いたことがあるが、内容は詳しく知らない」が8.0%で、**ほとんどの中小企業では、SDGsについて理解が進んでいない**ことがわかりました。理解不足を反映するように、「SDGsに貢献することは難しい」と回答しているにもかかわらず、そのうち約3割がすでにSDGs貢献に寄与する事業に取り組んでいることもわかっています。

この状況を逆手にとってSDGsに取り組めば、「中小企業なのにSDGsに取り組んでいる」と世間の注目を集められるかもしれません。Part3で説明するように、グローバル企業をはじめとする大企業は、サプライチェーン上で関与するさまざまな業者の事業活動にも目を配るようになっています。他方、SDGsは多様なパートナーシップの活性化を目指していますから、SDGsに取り組むことで、これまでにはなかったパートナーシップが生まれるかもしれません。**将来的には、取引業者に対して「SDGsへ対応していること」が取引条件になる可能性がある**といわれていますから、いずれ中小企業でもSDGsに取り組まざるを得なくなるはずです。中小企業の理解が進んでいない今だからこそ、ビジネス機会と捉えてSDGsに取り組めば、予想以上のメリットが期待できるうえ、将来のリスクを大幅に低減させることにつながります。

中小企業のSDGsの認知度・対応状況

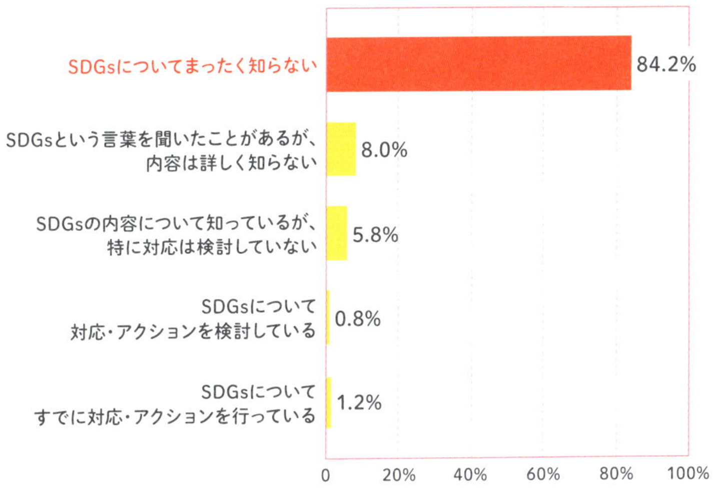

出所：関東経済産業局、日本立地センター「中小企業のSDGs認知度・実態等調査」

取引先から環境面や社会面の要求事項が厳しくなりつつある

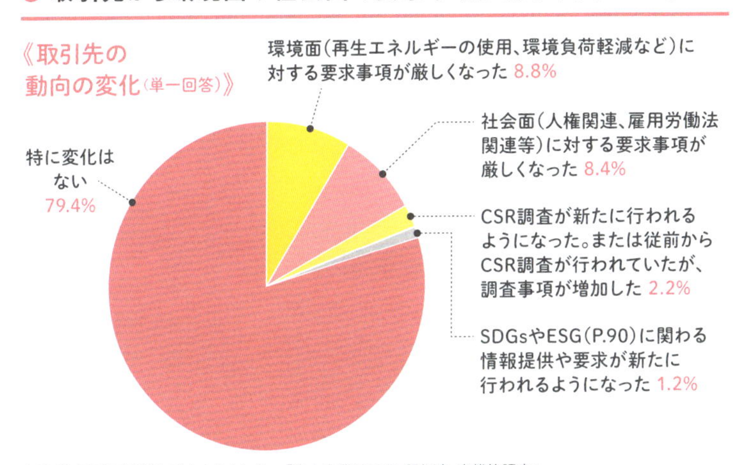

出所：関東経済産業局、日本立地センター「中小企業のSDGs認知度・実態等調査」

まとめ

- □ 中小企業ではSDGsに対する理解が進んでいない
- □ 将来、SDGsに取り組むことが取引条件になる可能性大

企業がSDGsの活用を進める4つのメリット

SDGs のメリットを得られないデメリットを考えよう

SDGs 達成に向けた取り組みを実行に移している企業は増えていますが、中小企業はまだ少ない状況です。SDGs に取り組むことで企業にはどんなメリットがあるのでしょうか。

環境省は、**経営と社員の距離が近い中小企業のほうが、むしろ大企業よりも SDGs の達成に向けて取り組みやすい**と指摘し、SDGs を活用することで、企業に 4 つのメリットがあるとしています。

- **企業イメージの向上**
- **社会の課題への対応**
- **生存戦略になる**
- **新たな事業機会の創出**

大手広告代理店・電通も、企業の経営層や広告宣伝部門、広告会社向けに発表した「SDGs Communication Guide」のなかで、SDGs に取り組むことで企業に 4 つのメリットがあるとしています。

- **ステークホルダーとの関係性の改善と発展**
- **SDGs を共通言語に、さまざまな主体との協働が実現**
- **社会課題解決は巨大なビジネスチャンス**
- **資金調達に益する ESG 投融資**（詳しくは Part4 参照）

環境省と電通はともに 4 つのメリットを挙げています。その内容はまったく同じではありませんが、共通しているのは、SDGs に取り組むことで企業に多くのメリットをもたらすということです。まだ SDGs に取り組んでいない企業は、取り組むことで得られるメリットを得られないデメリットについて考える必要が増しています。

環境省が示したSDGs活用の4つのメリット

企業イメージの向上

SDGsへの取り組みをアピールすることで、多くの人に「この会社は信用できる」「この会社で働いてみたい」という印象を与え、より多様性に富んだ人材確保にもつながる。

社会の課題への対応

SDGsには社会が抱えているさまざまな課題が網羅されている。これらの課題への対応は、経営リスクの回避とともに社会への貢献や地域での信頼獲得にもつながる。

生存戦略になる

取引先のニーズの変化や新興国の台頭など、企業の生存競争は激化している。今後は、SDGsへの対応がビジネスにおける取引条件になる可能性もあり、持続可能な経営を行う戦略として活用できる。

新たな事業機会の創出

SDGsに取り組むことをきっかけに、地域との連携、新しい取引先や事業パートナーの獲得、新たな事業の創出など、今までになかったイノベーションやパートナーシップを生むことにつながる。

出所:環境省「すべての企業が持続的に発展するために－持続可能な開発目標(SDGs)活用ガイド－」より作成

大手広告代理店が示したSDGs活用の4つのメリット

ステークホルダーとの関係性の改善と発展

SDGsへの取り組みは、企業のステークホルダーとの関係性を発展させる。企業価値の向上につながるとともに、さまざまな潜在的な社会的リスクを軽減する。

SDGsを共通言語にさまざまな主体との協働が実現

SDGsは全世界・全人類共通の目標・枠組みであるため、社会的課題に取り組む企業と、国や地方自治体、地域、NPO法人などをパートナーとして結び付け、協働の機会を生み出す。

社会課題解決は巨大なビジネスチャンス

「年間12兆ドルの経済価値が生まれる」とされる(P.44)ように、SDGsには巨大なビジネスチャンスになるポテンシャルがある。

資金調達に益するESG投融資

Part4で詳しく説明するように、投資家や金融機関は企業の取り組みを見ている。SDGsに取り組まない企業より、取り組んでいる企業のほうが資金調達が有利になる。

出所:電通「SDGs Communication Guide」より作成

まとめ

- ☐ SDGsに取り組むことは、企業に多くのメリットをもたらす
- ☐ SDGsがもたらすメリットが得られないデメリットを考えよう

日本企業は、欧州企業に比べて「ビジネス機会」という意識が低い

日欧企業ではSDGsに対する認識に大きな違いがある

2016年に日本とEUの企業を対象に、企業活力研究所が実施した調査によると、「SDGsがビジネスチャンスにつながる」と回答した日本企業は37.1%にとどまる一方、EU企業は63.5%にのぼりました。近年、日本企業でもSDGsの取り組みは活発化していますが、この結果からも**欧州企業は日本企業に比べ、SDGsに対する意識が一歩先を行っている**ことがわかります。

世界有数の一般消費財メーカーであるユニリーバの元CEOポール・ポールマン氏は、SDGsのビジネスチャンスについて、次のように言っています。

「貧困を放置することは、ビジネス機会の喪失を意味する。そこには新規市場、投資、イノベーションを通じて得られる何兆ドルという利益が眠っている。しかし、これを勝ち取るためには、ビジネスのやり方を変え、貧困、格差・不平等、環境課題に取り組む必要がある。SDGsの達成は、より衡平でレジリエント（強靱）な世界という、好ましいビジネス環境をもたらす」

そもそも「コスト」であろうと、「ビジネスチャンス」であろうと関係なく、SDGsは持続可能な地球にするために、必ず達成しなくてはいけない全世界共通の目標です。そうであれば、ビジネスチャンスと捉えて考えるほうが有意義ですし、前向きです。また、Part 4で説明するように、SDGsに取り組まない企業は投資家の投資対象から除外される傾向が強くなっていますから、資金の面からビジネスチャンスを逸する可能性が高まります。

日本とEUの社会課題（SDGsなど）解決の位置づけの違い

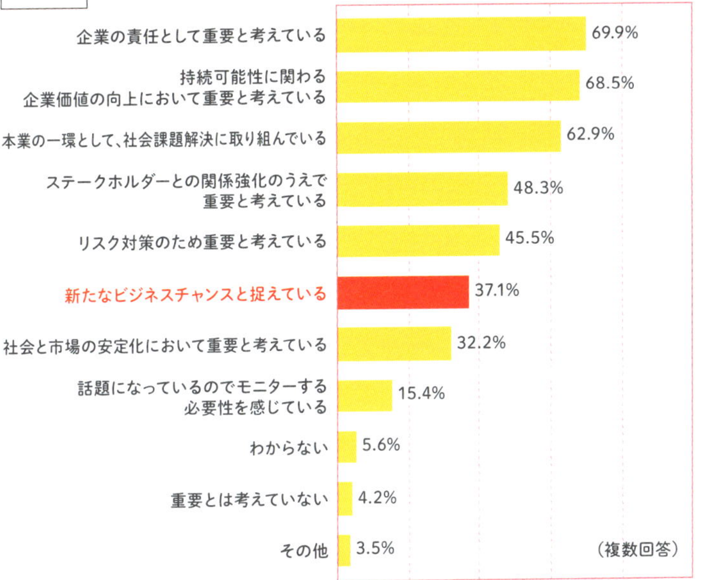

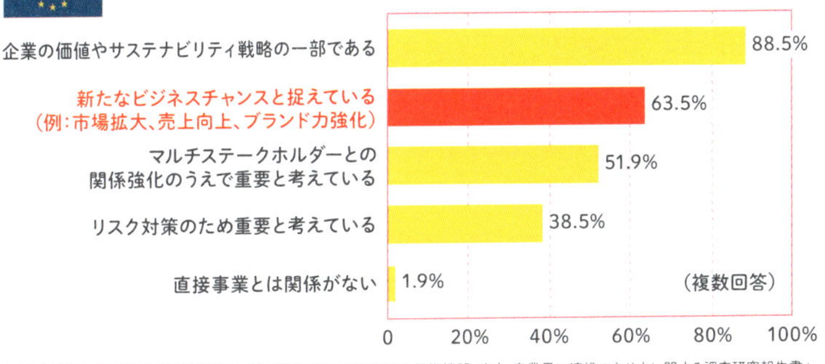

出所：企業活力研究所「社会課題（SDGs 等）解決に向けた取り組みと国際機関・政府・産業界の連携のあり方に関する調査研究報告書」

まとめ

- □ SDGsをビジネスチャンスと捉える日本企業は少ない
- □ 日本企業はビジネス機会獲得で後塵を排す可能性がある

できること、できそうなことから SDGsに取り組む

SDGsは、「できること」「できそうなこと」からやればいい

企業は、SDGsのすべての目標に対応する必要はあるのでしょうか。最初から無理してすべての目標に関連づけて何かに取り組むのではなく、**「できること」「できそうなこと」から取り組めばいいのです。**

既存事業をSDGsという枠組みで捉え直すと、いずれかの目標に貢献しているはずです。たとえば、水漏れを防ぐためのバルブをつくっている会社であれば、水漏れを防ぐことで、水の省資源（目標⑥）に役立っていると考えられますし、鉄鋼メーカーなら耐震強度の強い鋼材をつくることで目標⑪に貢献できます。また、新聞社であれば、SDGsに取り組む企業について記事にすれば、多くの人にSDGsを知ってもらうことに役立ちます。そのようなSDGsへの貢献もあります。

Part5で詳しく説明しますが、SDGsのどの目標やターゲットに対して取り組むかを考える前に、既存の事業がどの目標にリンクしているかを見つめ直すことです。そのうえで、企業の持続可能性を考慮し、自社の事業に影響度が大きいものを選び出して、アクションする優先順位を決めていけばいいのです。

たとえば、日本を代表する金融グループである「みずほフィナンシャルグループ」のSDGsへの取り組みを見ても、17の目標のすべてに取り組んでいるわけではありません。自社の事業とSDGsの関係性を整理しながら、まずは貢献できる目標について取り組み、持続可能な発展に寄与すればいいのです。

みずほFGが取り組む主な課題と関係するSDGs

課題	機会とリスクにつながる社会ニーズ	関係する目標
健全な経済成長	・財政健全化と地域活性化 ・レジリエントなインフラ整備 ・新技術活用やイノベーションを通じた生産性向上	8, 9, 11
少子高齢化と健康・長寿	・事業承継・技術承継 ・個人の資産形成と世代間移転 ・労働力の確保 ・医療・介護費用拡大への対応 ・健康寿命の延伸 ・必要なサービスへのアクセス確保	3, 8, 9
イノベーション	・技術革新を活用したビジネスの革新・創造 ・新技術やイノベーション企業の育成 ・サイバー攻撃等への対応	9
働きがいの向上	・多様な人々の活躍推進と働き方の変革 ・環境変化を踏まえた人材育成	4, 5, 8
エネルギーと環境	・エネルギーの安定供給と環境保全 ・脱炭素社会への移行対応 ・生物多様性の保全 ・食糧の安定供給確保	2, 7, 13, 14, 15
人権尊重	・人権への負の影響の防止・軽減 ・包摂的な社会づくり ・マネー・ロンダリングやテロ資金供与等の防止	10, 16
連携・協働	・多様なステークホルダーとのオープンな連携・協働	17

関係しないSDGs

出所：みずほフィナンシャルグループ「統合報告書2018」

まとめ

- □ SDGsの17の目標のうち、できることからやればいい
- □ 日本を代表する大企業でもすべての目標に取り組んでいない

SDGsへの取り組みを消費者や投資家に伝える重要性

周知しなければSDGs に取り組んでいないのと同じ

環境や社会の問題に対して企業の関与が求められるなか、企業は自社の取り組みを発信する必要性が増しています。大手広告代理店電通によると、その方法として主に4つあるといいます。

①経営戦略／中長期戦略
②商品やサービス
③プロモーション／キャンペーン
④各種認証ラベルの活用

大事なことは、上記の4つの方法を組み合わせながら、自社のSDGsの取り組みについて、現状や進捗状況をステークホルダーにきちんと伝えて、誠実に取り組んでいることを示すことです。それはステークホルダーからの信頼を得ることにつながるだけでなく、社内の理解を促進することにもつながります。それと同時に、企業は「社会の公器」として積極的にSDGsについて発信することで、SDGsを知らない消費者などを啓蒙する役割も担っています。

今後、消費者や投資家は、企業や商品を選ぶ際にこれまで以上に「SDGsへの取り組み」を考慮するようになるはずです。**SDGsに積極的な姿勢を誰にも知られていなければ、消費者や投資家にとっては取り組んでいないのと同じです。**その意味でもSDGsへの取り組みに関する情報を公開することは重要です。そして、SDGsに積極的な姿勢が外部に伝われば、同じような考え方をするさまざまな企業、自治体、NPO法人などとのパートナーシップが生まれやすくなり、新しいイノベーションが生まれる可能性も広がります。

SDGsへの取り組みを伝える主な方法

自社が将来、環境・社会課題を解決するために、どのような取り組みを行うかをさまざまな方法を使って、積極的に伝えることで、ステークホルダーに自社のスタンスを明確に伝えることが重要になる。

① 経営戦略／中長期戦略

経営戦略や中長期戦略といった自社の未来へのビジョンにSDGsをリンクさせて、ステークホルダーとのコミュニケーションに積極的に活用する。

② 商品やサービス

自社の商品やサービスがSDGsの達成に貢献しているかを、商品・サービスのサプライチェーンを遡って精査してステークホルダーに積極的に伝えていく。

③ プロモーション／キャンペーン

さまざまなステークホルダーに対して、SDGsへの関与を促すようなプロモーションやキャンペーンを企画立案して、実施する。

④ 各種認証ラベルの活用

「国際フェアトレード認証ラベル」に代表される第三者によるサステナブルな認証ラベルを自社の商品やサービスに活用する。

《国際フェアトレード認証ラベル》

出所：電通「SDGs Communication Guide」を参考に作成

まとめ

- □ SDGsへの取り組みを周囲に認知してもらう
- □ 企業はSDGsの重要性を消費者などに啓蒙する役割も担う

嘘をつかずに、誠実にSDGsに取り組むことが大事

取り組んでいるフリをする「SDGsウォッシュ」

環境保護に対する意識の高まりを受け、企業が環境に配慮していることをパッケージや製品のウェブサイトを使って、消費者にPRする場面が増えています。しかし、消費者は企業が発する言葉の真偽の確認はできないので、その言葉を信用するしかありません。

残念なことに、それを逆手にとり、環境に配慮するフリをして、消費者からの支持を得ようとする企業が少なからず存在します。こうしたごまかし行為を「**グリーンウォッシュ**」といいます。

とくに欧米ではグリーンウォッシュの防止に熱心です。公正な企業間競争の維持や消費者保護の側面からだけでなく、グリーンウォッシュの蔓延によって環境配慮商品の信頼性が下がることで、持続可能な社会の実現が遠のくことを恐れているからです。

日本企業でもSDGsに取り組む企業は増えていますが、最近では「**SDGsウォッシュ**」という言葉を見かけるようになりました。

もし日本政府がSDGsウォッシュをしていたら、国際的な信用は地に堕ち、経済的な損失も大きくなるでしょう。同様に企業がSDGsウォッシュをしていることが露見すれば、それまで積み上げてきた信頼を一気に失うことになるかもしれません。

言行一致を心がけ、誠実にSDGsに取り組むことが大切なのは言うまでありません。もし自社の取り組みをPRしたいばかりに誇張した表現を使えば「SDGsウォッシュ」になる可能性があるので注意が必要です。そうならないためには、英フテラ社の「グリーンウォッシュ企業と言われないために避けるべき10の原則」が参考になります。

「グリーンウォッシュ」とみなされる可能性がある10のこと

原則① ふわっとした言葉の使用
はっきりした意味を持たない言葉や用語　例）エコ・フレンドリー

原則② 環境を汚染している企業なのにグリーン商品を売る
例）河川汚染をもたらす工場で生産される持続性の高い電球

原則③ 暗示的な図の使用
まったく根拠がないのにもかかわらず、環境に好影響を与えることを暗示するようなイメージ図を使う　例）煙突から煙の代わりに花が排出される

原則④ 不適切で、的外れの主張
そのほかの企業活動が反環境保護的にもかかわらず、一部で行っているわずかな環境活動を強調する

原則⑤ より悪いものとの比較で相対的によく見せる
同業他者が環境活動に対して極めて意識が低いときなどに、わずかながらの環境活動を行っているだけにもかかわらず、自社が他社よりも環境に配慮していると公表する

原則⑥ まったく説得力がない表現
危険な商品をグリーン化したところで、安全にはならない
例）エコ・フレンドリーなタバコ

原則⑦ まわりくどく、わかりにくい言葉
科学者でなければ、確認や理解ができないような言葉や情報を使う

原則⑧ 架空の人の主張を使った捏造
独自につくった「ラベル」であるにもかかわらず、第三者からの承認を得たかのようにして偽る

原則⑨ 証拠がない

原則⑩ まったくのウソ

出所：英フテラ社「The Greenwash Guide」より作成

まとめ
- □ 実際以上によく見せることを「SDGsウォッシュ」という
- □ SDGsウォッシュをすれば、いずれ信用は失墜する

SDGsにペナルティがなくても企業が取り組むべき理由

ペナルティはなくても代償を払うことになる

SDGsには法的拘束力がなく、たとえ達成できなくてもペナルティはありません。だからといって「SDGsに取り組まなくても問題ない」と考えるのは間違いであることはいうまでもありません。

たとえば、あなたが勤めている会社が、途上国の児童を低賃金で働かせて莫大な利益を上げていたとします。これは明らかにSDGsの目標①、目標⑧などにマイナスの影響を与えます。

絶滅危惧種が生息する森を伐採して工場をつくり、莫大な利益を上げても目標⑫、目標⑬、目標⑮には明らかにマイナスです。富を築いても賞賛されるより、非難されることが多いはずです。

昨今は環境意識や人権意識が高まっており、それらに対する社会の監視の目は強くなっています。自らの利益に隠れてSDGsに反する事業を活動していても、その実態が白日のもとにさらされるのは時間の問題でしょう。そうなれば、消費者をはじめとするステークホルダーから信頼を失います。それまでに築いてきた信頼は一瞬で失うことだってありえます。

また、SDGsの達成に逆らう事業活動を行う企業は、Part4で詳しく説明するように、投資家から投資の対象として外されるようになってきています。

わざわざペナルティを設定しなくても、SDGsに反する企業は、相応の代償を課せられる社会になってきています。SDGsに反することは、自社や自身の持続可能性を損なうことにほかならないということです。

SDGsにはペナルティはなくても強い外圧がかかる

SDGs

・法的拘束力なし　・ペナルティなし

しかし、SDGsに取り組まないと……

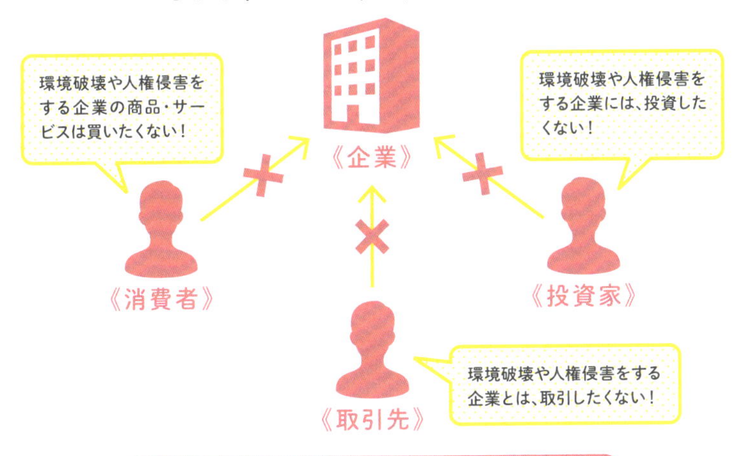

法的拘束力やペナルティはないが、
ステークホルダーとの関係が悪化するリスク大

まとめ

- □ SDGsに法的拘束力はなく、ペナルティはない
- □ 法的拘束力はないが、社会的な拘束力がある

Column

SDGs先進国スウェーデンの「高い環境意識」

SDGs達成度ランキング（P.33）で2位のスウェーデンは、国家として「次世代にいい環境を残す」を世代間目標として掲げ、政策として1世代以内（2021年まで）に持続可能な社会を目指しています。とくに環境保護では世界で最も進んでいる国のひとつとして知られています。なかでも先進的な取り組みとして注目を集めているのは、1999年に環境法典を制定したのを機に設立された「環境裁判所（現・土地及び環境裁判所）」です。

環境問題を専門的に扱う裁判所をつくるほど、高い環境意識がスウェーデンで醸成された背景には、1960年代ごろから深刻になった酸性雨の問題があります。森林が枯れるなど、自然への甚大な被害が出たのです。

その状況を憂慮したスウェーデン政府は、1967年に環境保護庁を設置、翌年には学校で本格的に環境教育が開始されました。その後は、小学校で環境学習が始まっています。また、多くの学校では電気を使わず、ミミズの力で生ゴミを有機肥料に変える「ミミズコンポスト」が設置されているといいます。日常から自然の循環を体感できるような環境があるのです。

小さい頃から環境について学ぶ機会が多いスウェーデンでは、人間が自然にどのような影響を与えるかを教えるといいます。一方、日本では「環境保護」という視点が強くなりがちです。

また、スウェーデンでは、ゴミをリサイクルすればお金が戻ったり、エコカーに買い替えると駐車場が無料になるといったように、国民が積極的に環境保護に取り組めるような仕組みが社会のあらゆるところに用意されています。

THE BEGINNER'S GUIDE TO SUSTAINABLE DEVELOPMENT GOALS

Part 3

企業が連携すれば、
一社ではできないことができる！

「サプライチェーン」から やるべきことが 見えてくる

利益至上主義は地球を危機的状況に追い込んだ

利益至上主義では利益を追求できなくなりつつある

歴史を振り返ると、私たち人類は、環境や人権を犠牲にして経済発展してきたことを否定できません。企業は利益を追求しなければいけませんが、行き過ぎれば、モラルに反した行為や違法行為を行ってでも利益追求を優先する「利益至上主義」につながります。

たとえば、環境破壊を続けて地球に取り返しのつかないダメージを与えてしまえば、私たちはその恵みを受ける暮らしが維持できなくなります。途上国の小さな子どもや貧しい人たちを低賃金で雇い、劣悪な環境で働かせながら莫大な利益を上げるような行為は、貧しい人たちの貧困を固定化させて、新たなマーケットを生むことを阻害するため、めぐりめぐって企業の利益獲得の機会を失わせます。

SDGsは、こうした「環境」や「人権」の問題を解決しなければ、長期的な時間軸で見ると、経済発展が持続できなくなることを痛烈に指摘しています。

経済的側面だけから見れば、「利益を上げる企業＝優良企業」かもしれません。しかし、企業が原材料を購入する際に、「消費者のために安くて質が高いから買っている。原材料が生産される現場で人権侵害や環境破壊が起こっていても、メーカーである私たちには関係ない」とするのは望ましい態度でしょうか。

企業が利益至上主義を追求してきた結果、P.20で紹介したプラネタリー・バウンダリーでもわかるように、地球は限界を迎えつつあります。**利益至上主義を続けることは、企業にとって真綿で自身の首を締めるような行為であることに気づくべき**ときがきています。

企業が起こしたさまざま不祥事

年	関係した企業	内容
1956年	チッソ	工業廃水を無処理で水俣湾に排出したことで、周辺住民に健康被害。この年に公式に確認された（水俣病）
1960年	石原産業、中部電力、三菱油化など	四日市コンビナートから排出された大量の亜硫酸ガスによる大気汚染を原因とする、ぜんそく症状を訴える周辺住民が増加しはじめる（四日市ぜんそく）
1965年	昭和電工	工業廃水を阿賀野川に排出したことで周辺住民に健康被害。この年に公式に確認された（第2水俣病）
1968年	三井金属鉱業	1910年代より鉱山の廃水により神通川下流域で周辺住民に健康被害。この年に公害認定（イタイイタイ病）
1989年	エクソン	アラスカ州のプリンス・ウィリアム湾で座礁し、大量の原油を流出させ、甚大な海洋汚染を引き起こした（エクソンバルディーズ号原油流出事故）
1996年	アディダス、ナイキ	ILO（国際労働機関）の調査により、パキスタン・シアルコット地方で生産されるサッカーボールは、約7,000人の児童が労働に従事してつくられていることが判明
1997年	ナイキ	インドネシア、ベトナムなどの工場における児童労働が発覚
2010年	フォックスコン	アップルやデルの製造委託先である台湾の鴻海精密工業の中国子会社で違法な過酷労働が発覚
2010年	BP	海底油田を掘削していた施設で、BPの過失により天然ガスが引火して爆発。パイプが破損し、大量の原油がメキシコ湾へ流出。過去最大級の海洋汚染に
2015年	フォルクスワーゲン	ディーゼルエンジンの一部車種で、実走行時の有害排出物が規制値を大幅に上回っていることが判明

まとめ
- □ 企業は利益を追求するあまり、多くの過ちを犯してきた
- □ 利益至上主義を続ければ経済発展が持続できなくなる

企業のサプライチェーンに対する認識を変えるきっかけになった事故

企業は環境を破壊し、人権を侵害してきた

2013年4月24日、バングラデシュの首都ダッカ近郊にある、5つの縫製工場が入った商業ビルが崩落。死者1,134人、負傷者2,500人以上という大惨事になりました。じつは、事故前日に縫製工場の従業員たちは、8階建てのビルの壁や柱にひびがあるのを発見していました。その報告を受けた地元警察は退去命令を出していたといいます。しかし、工場のマネージャーは従業員に対し、「仕事に戻らなければ、解雇の可能性がある」と話したため、解雇を恐れた従業員は翌日いつもどおりに出勤しました。そして、ビルは崩壊したのです。

この崩壊事故は経済的利益と引き換えに多くの人命を失うことや、過酷な労働環境について世界中に考える機会を与えました。

なかでもアパレル業界は国をまたいだ分業制が進んでおり、世界的なブランドであるユニクロやH&Mなどもバングラデシュの縫製工場で低コストで良質な商品をつくっていました。グローバル化が進み、国際貿易が複雑化した結果、自社製品がどこでどのようにつくられているのかを詳しく把握していなかったことは、国際社会から大きな批判を浴びました。

この事故をきっかけに、アパレル業界のみならず、さまざまな産業でも「商品はどこで、誰によってつくられたのか」「労働環境は整っているのか」と、**サプライチェーンの川上の実態を明らかにし、川下に位置するメーカーもその責任を負うべきという意識が高まりました。**とくに社会的責任が大きいグローバル企業に対して、川下まで遡って問題・課題に対処を求める機運が高まったのです。

サプライチェーン上で起こるさまざまな環境破壊と人権侵害

人権問題

アパレル、電子機器の
製造委託工場などで
行われる**強制労働**

カカオ、コーヒー、綿花などの
農産物をつくる現場における
強制労働、児童労働

農作物調達における
農家に対する**搾取**

「外国人実習生問題」に
代表されるような
外国人に対する差別

環境問題

生産現場における
過剰取水による
水資源の枯渇、自然破壊

パーム油などを
つくるために行われる
熱帯雨林の**違法伐採**

原材料工場からの
有害物質の垂れ流しによる
水質汚染

漁業資源の持続可能性を
超えた**乱獲**

企業として、こうした犠牲のうえに
成り立つ商品・サービスで
利益を得ることが正しいのだろうか？

まとめ

- □ 企業はサプライチェーンの川上にも留意する必要がある
- □ 商品がつくられる現場で起きていることを知ることは大事

「エシカル消費」の高まりは世界的な潮流

消費者から企業に対する圧力も高まっている

欧州では「環境」や「人権」に対する高まりもあり、小売店では「MSC認証」「FSC認証」といった、いわゆる「エシカル認証」を受けた商品が目立つようになってきました。

私たちが買うすべての商品は、誰かがどこかでつくったものですが、これまで消費者は自分たちが使う商品の裏側にどんな背景があるかにはあまり関心を示してきませんでした。ところが、自分が買った商品が劣悪な環境で働く子どもによってつくられていたり、絶滅しそうな動植物が犠牲になっていることがわかると、そうした商品は「買わない」という選択をする消費者が増えてきているのです。

このように**環境や人権に対して十分配慮された商品やサービスを選択して買い求めることを「エシカル（倫理的な）消費」と呼び**、この行動は近年日本でも普及しつつあります。これまで企業が利益を追求するあまり「環境保護」「人権」といった大切なことをないがしろにしてきたことへの反動かもしれません。SDGsが企業に重要な役割を求めるのも、企業こそが率先して「環境」や「人権」を守るべきと考えているからです。

エシカル消費は消費者が最も実践しやすい行動のひとつです。いつも行くお店でフェアトレード商品を優先して選ぶことも、SDGsの達成に貢献することになるのです。

また、企業側の動きとしては、寄付付き商品を販売するなどして、社会課題の解決に寄与しようとする、コーズ・リレーテッド・マーケティング（CRM）の取り組みも活発化しています。

「エシカル消費」でできること

環境
への配慮

認証ラベルのある商品を選ぶ

▶**MSC認証**
海洋の自然環境や水産資源を守って獲られた水産物を購入する

▶**FSC認証**
適切に管理された森林資源を使用した商品（紙製品など）

エコ商品を選ぶ
リサイクル素材を使ったものや資源保護などに関する認証がある商品を買う

寄付つき商品を選ぶ
売上金の一部が寄付につながる商品を積極的に買う

社会
への配慮

フェアトレード商品を選ぶ
途上国の原料や製品を適正な価格で継続的に取引された商品を使う

への配慮

児童労働によってつくられた商品は使わない
児童労働に関与する事業者の商品を買わないことで児童労働に抗議する

地域
への配慮

地元の産品を買う
地産地消によって地域活性化や輸送エネルギーの削減に貢献する

被災地の産品を買う
被災地の特産品を消費することで経済を復興を応援する

生物多様性
への配慮

出所：消費者庁「エシカル消費リーフレット」より作成

まとめ
- □ エシカル消費は、環境や社会に配慮する消費のこと
- □ 消費者のエシカルな消費への意識が高まりつつある

エシカル消費市場の後進国「ニッポン」の現状

世界的な潮流に無関心ではいられなくなっている

日本でも「環境」「オーガニック」の観点を持つ消費者は増えています。しかし、「フェアトレード」に対する関心は欧米に比べて低いことは、依然、日本では「エシカル消費」に対する意識が欧米ほど高くない現状を表しているといってもいいでしょう。

Fairtrade International が発表したレポートによると、2017 年の日本のフェアトレード小売販売額は、9,369 万ユーロ（約 112 億円）で、フェアトレードに対する意識が高い欧米でも特に意識が高いスイスは 6 億 3,058 万ユーロ（約 756 億円）でした。人口 1 人当たりの販売額にすると、日本はわずか 0.74 ユーロ（約 89 円）、スイスは 74.90 ユーロ（約 8,988 円）と約 100 倍の差があります。

欧米では消費者がフェアトレード商品を選好するため、企業が消費者に選ばれるために積極的にフェアトレードに取り組むという好循環が生まれています。一方、日本ではそもそもフェアトレードに対する認知度が低く、消費者が購入する商品がフェアトレードであるかどうかを気にしていないため、企業がフェアトレードに取り組むための大きな外圧にはなっていません。

他方、国内市場の縮小やグローバル化の進展によって、海外に活路を見いだそうとする日本企業は増えています。しかし、従来の発想のままで「エシカル消費」という観点を持たないと、とくに欧米の消費者から「非倫理的企業」とのレッテルを貼られるリスクがあります。今後は、「海外のことだから関係ない」という態度ではなく、こうした世界的な潮流に敏感になる重要性が増しています。

主要国のフェアトレード小売販売額（2017年）

国名	フェアトレード小売販売額（万ユーロ）…①	総人口（万人）…②	①/②（ユーロ/人）
スイス	63,058	842.0	74.90
アイルランド	34,200	478.4	71.49
フィンランド	23,353	550.8	42.40
スウェーデン	39,438	1,005.8	39.21
オーストリア	30,400	877.3	34.65
UK	201,366	6,580.9	30.60
デンマーク	13,432	576.1	23.32
ノルウェー	12,080	527.7	22.89
ルクセンブルク	1,350	59.6	22.65
オランダ	29,038	1,710.0	16.98
ドイツ	132,935	8,252.2	16.11
ベルギー	14,500	1,138.2	12.74
フランス	56,100	6,491.0	8.64
カナダ	29,656	3,670.8	8.08
USA※	99,412	32,312.8	3.08
イタリア	13,003	6,053.7	2.15
日本	9,369	12,678.6	0.74

※人口はアメリカのみ2016年
出所：Fairtrade International Annual Reports 2017-2018、国連より作成

まとめ
- ☐ 依然、日本人のエシカル消費に対する意識は低い
- ☐ エシカルに配慮しないと「非倫理的」とされるリスクがある

「サプライチェーン」と「バリューチェーン」とは？

大切なのは自社と関係する「つながり」に着目すること

企業がSDGsの取り組みを考えるうえで、「**サプライチェーン**」「**バリューチェーン**」という言葉を知っておく必要があります。

・**サプライチェーン**……サプライ（供給）のチェーン（連鎖）。モノの流れに着目した、原材料・部品の調達から生産、流通、小売りを経て消費者に届くまでのプロセスのこと

・**バリューチェーン**……1985年にマイケル・ポーター教授が著書『競争優位の戦略』で提唱した、自社の事業を「主活動（製品・サービスが顧客に届くまでの流れと直接関係する活動）」と「支援活動（主活動を支える活動）」に分類し、どの工程で付加価値（バリュー）を出しているかを分析するための考え方

ここでは詳しい説明を割愛しますが、この2つの言葉は、人や立場によって解釈が変わることがあります。とくにバリューチェーンは、「一企業のモノの流れとそれ以外の部分（支援活動）も含む価値の流れ」と考える場合もありますし、国際分業が進んだ製造業などにおいて、どの段階でどれくらいの価値が付くのかという貿易のメカニズムであるグローバル・バリューチェーン（GVC）をバリューチェーンとする場合もあります。また、サプライチェーンとバリューチェーンをほぼ同義で使っているケースも少なくありません。

大切なことは、事業活動を行う企業には、社内外にさまざまなつながりがあるということです。**自分が働く会社のSDGsの取り組みを考えるうえで、自社だけでなく、関係する川上、川下のパートナーまで含めて目を配る必要性があるということです。**

サプライチェーンとバリューチェーン

サプライチェーン 原材料から消費者に届くまでの受発注する企業間のプロセス

調達 → 製造 → 物流 → 販売 → 消費者

目的

原材料から消費者に届くまでに関係する
自社とサプライヤーの事業活動を把握する

バリューチェーン

価値を生み出す事業プロセス

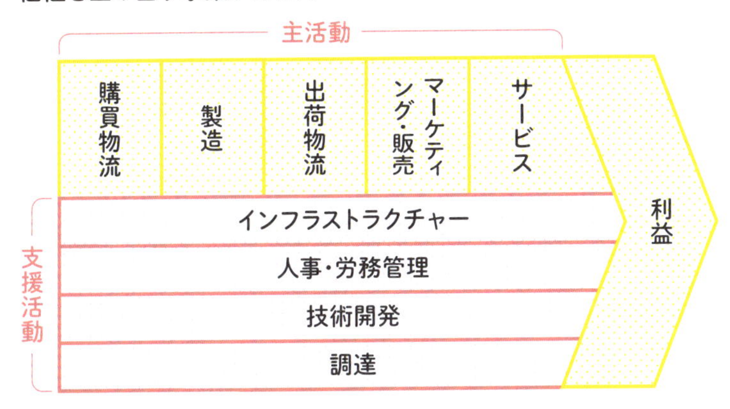

目的 (自社あるいは一連の)事業活動の全体像を把握する

まとめ

- □ サプライチェーンは「モノ」のつながり
- □ バリューチェーンは「価値」のつながり

サプライチェーンには さまざまな問題が隠れている

「サプライヤーがしたこと」では済まされない

近年、サプライチェーン上の人権問題、環境問題についてステークホルダーの関心が高まっています。自社やグループ会社の調達先だけでなく、サプライチェーン全体で持続可能な調達を実現し、社会課題の解決に寄与していくことが求められています。その背景には、これまで企業が起こしてきた、サプライチェーン上の看過できないさまざまな問題があったことはいうまでもありません。

世界最大の食品・飲料会社であるネスレは、国際的な環境保護団体グリーンピースから不買運動を展開されたことがありました。同社にパーム油を供給していたインドネシア企業シナール・マスが、インドネシア・ボルネオ島でパーム油の原料となるアブラヤシの大規模プランテーション開発を行うため熱帯雨林を伐採し、オランウータンの生息地などの環境破壊をしていたからです。

ネスレはインドネシア企業からの調達を中止し、国際NGOザ・フォレスト・トラスト（TFT）とパートナーシップを締結。共同で「パーム油に関する責任ある調達ガイドライン」を作成して、使用する全パーム油を「持続可能なパーム油のための円卓会議（RSPO）」という認証制度に認証されたものだけにしました。

この一件は「サプライヤーが環境破壊をすれば、川下の企業の問題になる」との認識を広めるきっかけになりました。

問題化する前にサプライチェーン上にあるさまざまな問題・課題を解決することは、SDGsへの貢献につながるだけでなく、企業のリスクマネジメントとしても重要だといえます。

サプライチェーン上で起こる主な問題

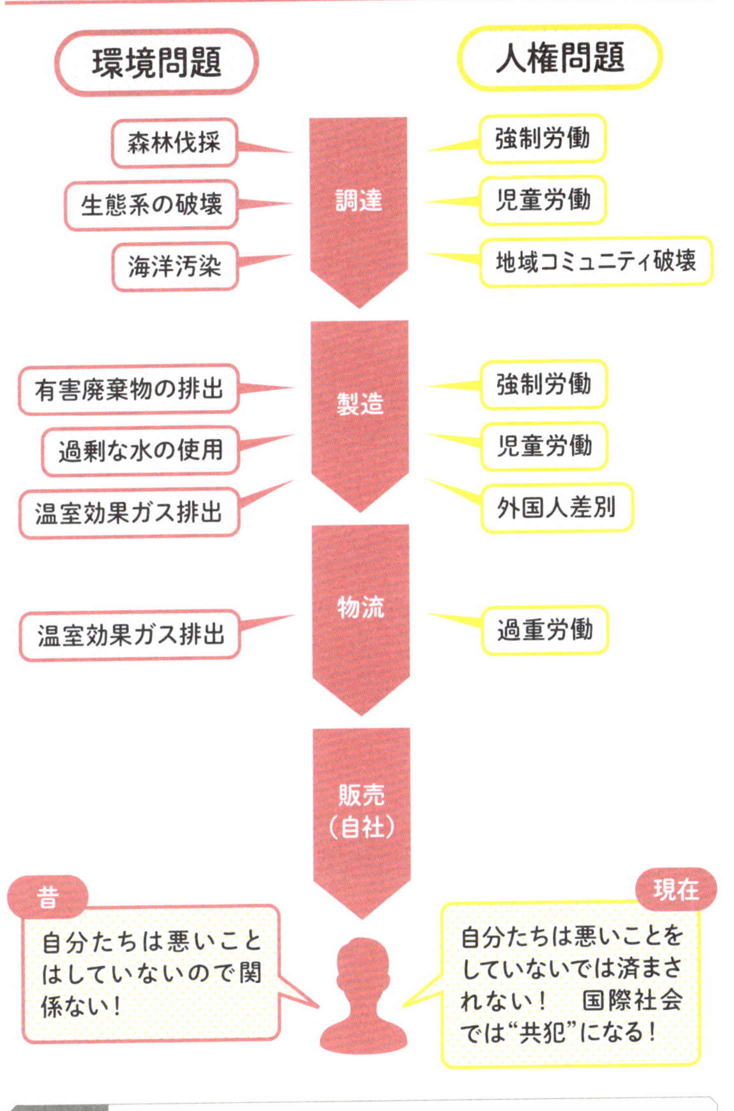

まとめ

- □ サプライチェーンの川上の問題は、他人事ではない
- □ サプライチェーン上の問題解決は、リスクを未然に防ぐ

Part 3 「サプライチェーン」からやるべきことが見えてくる

持続可能なサプライチェーン構築は「リスクマネジメント」につながる

サプライチェーン上のリスクに対応しないのは大きなリスク

国連グローバル・コンパクト（UNGC）とコンサルティング世界大手アーンスト・アンド・ヤング（EY）がグローバル大手企業70社に対してアンケートを行った結果をまとめた「The state of sustainable supply chains」によると、アンケートに答えたほとんどの企業は、意図しない環境的または社会的損害のリスク、および企業のブランドや評判、社会的ライセンス（SLO：Social License to Operate、企業が社会の役に立つことで国や人々から存在意義を認められること）、さらには株式価値への潜在的な影響に対するリスクマネジメントのために、すでにサプライチェーンにサステナビリティプログラムを導入していることがわかっています。

同レポートでは、投資家向けにサプライチェーンのリスクを認識・把握していない企業への投資についても聞いていますが、サプライチェーン上のリスクに対応しない企業を投資対象から外す傾向があるのがわかります。

企業はサプライチェーン上で起こる環境破壊や人権侵害を自分ごとのリスクとして考えるべきです。そのリスクの対応を怠れば、企業の評判を落としたり、株価が下落するなどの大きな代償を払うことに直結します。SDGsへの注目が高まるなかで、サプライチェーン上のリスクに対応する必要性は増すばかりです。その意味では、**企業にとって持続可能なサプライチェーンの仕組みづくりをすることは不可欠**であり、自社の事業の持続可能性を維持するための最大のリスクマネジメントになるということです。

持続可能なサプライチェーンを構築する原動力

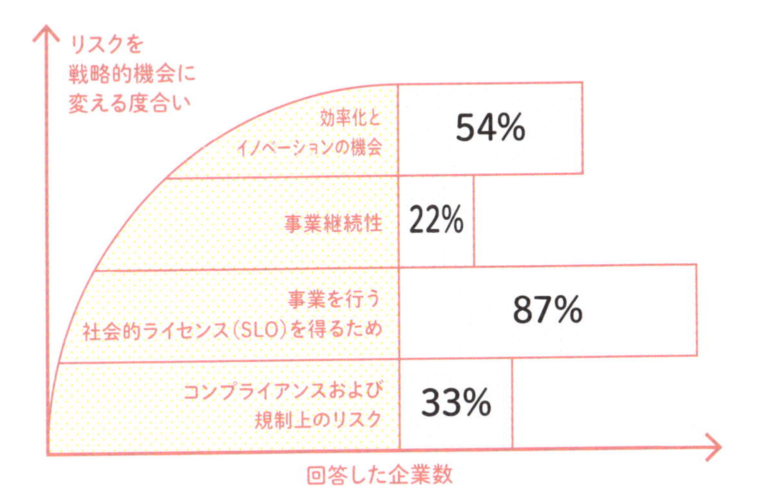

出所：UNGC、EY「The state of sustainable supply chains」

サプライチェーンのリスクに対応しない企業への投資家の対応

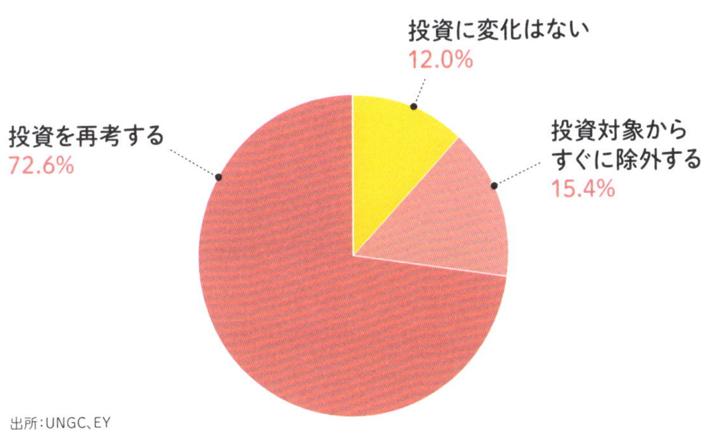

出所：UNGC、EY
「The state of sustainable supply chains」

まとめ

- □ 投資家はサプライチェーンに配慮しない企業を敬遠する
- □ 持続可能なサプライチェーンづくりは不可欠になっている

サプライチェーンをめぐる持続可能な調達に関する動き

大企業はサプライヤーにサステナビリティを求めだした

2017年4月、国際標準化機構（ISO）によって持続可能な調達に関する世界初の国際規格「**ISO20400**」が発行されました。2010年11月に発行されたISO26000（社会的責任規格）をベースに、アカウンタビリティ（説明責任）、透明性、人権尊重、倫理行動といった企業や団体にとっての持続可能な調達の原則を定めたもので、サプライチェーン全体に持続可能な調達を展開するための規格です。

こうした世界的な動きを受けて、日本でもサプライチェーン全体を通した長期目標を掲げる企業が増えています。

たとえば、トヨタ自動車ではISO20400の発行に先駆けて、2015年10月に持続可能な社会の実現のために2050年に向けてトヨタ自動車として何を行っていくかを示した「トヨタ環境チャレンジ2050」を発表しました。2016年1月にはそれを踏まえて、サプライヤー向けの「TOYOTAグリーン調達ガイドライン」を改定し、環境の取り組み内容の拡充や製品・サービスのライフサイクル全体での環境負荷低減など、サプライチェーン全体での環境マネジメントの強化を打ち出しています。トヨタ自動車のような大企業が調達基準の変更をすれば、サプライヤーは基準を満たす必要が出てきます。つまり、**社会や環境に有益な「持続可能な調達」は、グローバル企業だけでなく、製品・サービスの生産・供給に関わるすべての企業にとって必ず考えるべき事項になってきているということです。**大企業を中心にSDGsに貢献する動きが加速しているため、たとえ中小企業でも「SDGsは関係ない」とは言えなくなってきているのです。

(参考)TOYOTAグリーン調達ガイドラインの概要

TOYOTAグリーン調達ガイドラインとは

自動車の部品・資材の各取引先に対し、環境面での積極的な取り組みを求めた「環境に関する調達ガイドライン」のこと。1999年3月に発行されてからも時代の要請に合わせて改定し、2019年10月時点では2016年1月に改訂されたものが最新版。

《サプライヤーへの依頼事項一覧》

章		項目		対象の取引内容	環境取組の対象		
					製品・サービス *1	拠点 *2	物流 *3
1	1.1	環境マネジメントシステムの構築	環境マネジメント体制の構築	すべて	−	○	−
1	1.2	環境マネジメントシステムの構築	ライフサイクル全体での環境マネジメントの推進	すべて	○	○	○
2		温室効果ガス(GHG)の削減	ライフサイクルでのGHG排出量の削減	すべて	○	○	○
3		水環境インパクトの削減	「水資源」「水質」に対するインパクト削減	すべて	−	○	−
4		資源循環の推進	納入製品や拠点、物流における資源循環の推進	すべて	○	○	○
5		化学物質の管理	(1) 委託車両、車両用の「部品、用品、原材料」(含むこれらの製品の梱包・包装資材)に関する化学物質の管理(廃止、削減 等)	委託車両、部品、用品 原材料 梱包・包装資材	○	−	○
5		化学物質の管理	(2) トヨタ自動車の拠点で使用する「原材料、副資材、梱包・包装資材」等に関する化学物質の管理(廃止、削減 等)	原材料、副資材 梱包・包装資材 設備、工事、清掃、造園	○	−	−
5		化学物質の管理	(3) お取引先様の事業活動における化学物質の管理(廃止、削減 等)	すべて	−	○	−
6		自然共生社会の構築	納入製品及び拠点における生物多様性の配慮と自然共生の推進	すべて	○	○	○

*1 製品・サービスは、トヨタ自動車に納入する委託車両、部品、用品、原材料、副資材、梱包・包装資、設備、工事、清掃、造園が該当(物流は*3に該当)。 *2 拠点は、工場、研究所、事務所、営業所、物流施設など、事業に関係する場所が該当(物流事業者やサービス提供事業者も含む)。 *3 物流は、トヨタ自動車への納入物流と、トヨタ自動車からの委託物流が該当。

出所:トヨタ自動車「TOYOTAグリーン調達ガイドライン」

まとめ

- □ 大企業の要請にサプライヤーが応える必要性が増している
- □ SDGsに対応しないと経営に悪影響が出る可能性も

SDGsに消極的なら サプライチェーンから淘汰される

サプライヤーは行動規範の遵守を求められる

グローバル化が進展したことで、企業のサプライチェーンは長く、複雑になっています。とくにグローバル市場で事業展開する大企業であっても、大切なパートナーであるサプライヤー（原材料や部品などの供給者）の協力がなければ、サプライチェーン上の問題の解決は難しくなっています。P.78ではトヨタ自動車の調達に関するガイドラインについて紹介しましたが、とくに**大企業はサプライヤーに対して、広範にエシカルな行動を求める動きが強まっています。**

コピー機やプリンターなどの事務機器などを製造するリコーグループは、グループ全体で世界の約1,700社のサプライヤーとの取引があり、調達金額は年3,500億円（2019年3月現在）に及ぶといいます。そこでリコーグループでは、基本的な考え方を「リコーグループサプライヤー行動規範」にまとめ、サプライヤーにも行動規範に沿った事業活動を求めています。右ページにもあるように、サプライヤーに求める内容は多岐にわたっています。なかでも、同社の購入金額が多いサプライヤーや主要機種・戦略機種の部品を供給するサプライヤーを「重要サプライヤー」に指定して、サプライチェーン全体で歩調を合わせたCSR活動の実践強化を要請しています。

このように事業活動を通じて環境問題、人権問題に対する要求は高まってきています。SDGsを念頭においた供給先からの要請に応えなければ、企業の生態系ともいうべきサプライチェーンから淘汰されるかもしれません。複数の取引先からこうしたことを求められても対応できる体制を整える必要性は高まっています。

「リコーグループサプライヤー行動規範」(項目のみ抜粋)

①お客様の立場に立った商品の提供
製品安全性の確保／品質保証システム

②自由な競争および公正な取引
競争制限的行為の禁止／優越的地位の濫用の禁止

③企業秘密の管理
機密情報・顧客情報・第三者情報の漏洩防止／個人情報の漏洩防止／コンピュータ・ネットワーク上の脅威に対する防御

④接待、贈答などの制限

⑤適正な輸出入管理

⑥知的財産の保護と活用

⑦反社会的行為への関与の禁止

⑧責任ある鉱物調達

⑨会社資産の保護
不正行為の予防・早期発見／調達リスク管理

⑩地球環境の尊重
製品に含有する化学物質の管理／製造工程で用いる化学物質の管理／環境マネジメントシステム／環境への影響の最小化(大気・水質・土壌など)／許認可および届け出／資源・エネルギーの有効活用(3R)／温室効果ガスの排出量削減／廃棄物削減／環境保全への取り組み状況の開示／生物多様性の保全

⑪基本的人権の尊重
雇用の自主性／非人道的な扱いの禁止／児童労働の禁止／差別の禁止／適切な賃金／労働時間／結社の自由／機械装置の安全対策／職場の安全／職場の衛生／労働災害・労働疾病／緊急時の対応／身体的負荷のかかる作業への配慮／施設の安全性／従業員の健康管理

⑫社会貢献活動の実践

⑬社会との相互理解
正確な製品・サービス情報の提供／情報公開

出所:リコー「リコーグループ企業行動規範」

まとめ
- □ 環境面、人権面に配慮しないと取引できなくなる可能性大
- □ 中小企業でも自発的にSDGsに取り組む必要性が高まる

バリューチェーン・マッピングから自社のインパクトを知る

バリューチェーンを俯瞰すれば、やるべきことが見えてくる

「SDGsのどの目標に取り組んでいいのかわからない」と悩む企業は少なくありません。P.54で説明したようにSDGsの目標すべてに始めから着手する必要はありませんから、自社の事業内容や考え方などに基づいて、どの目標に取り組むかを考えなければいけません。

それを考えるうえで、参考になるのが**バリューチェーン・マッピング**です。詳しくはP.120で触れますが、SDGsにおける優先課題を設定する際に、自社にとっての影響度とステークホルダーにとっての影響度が高い課題を設定することがポイントです。それを自社のバリューチェーン上で確認します。とはいえ、これだけではイメージしにくいので、実際の事例を示します。

お茶漬けで有名な永谷園ホールディングスは、「環境・社会報告書2018」で、モノの流れだけにとどまらない、同社の「創る」「作る」「売る」「使う」というバリューチェーンのなかで、どのようにSDGsと関連するのかをわかりやすく示しています。

たとえば、「営業」では、エコカー・エコドライブを導入して省エネルギーに取り組むことを、目標⑦「エネルギーをみんなに そしてクリーンに」とリンクさせています。

自社のバリューチェーンを描けば、関連する具体的なSDGsの目標が見えてきます。これにより自社のリスクや機会を把握できるだけでなく、SDGsの課題解決に貢献する具体的な行動が見えてくるはずです。それに基づいて行動することは社会的課題の解決にもつながるわけですから、有意義な事業活動になるはずです。

永谷園が示したバリューチェーンとSDGsの関係

		テーマ	取り組み	関連するSDGs
創る	設計	おいしさ・品質の追求、利便性の確保	「味ひとすじ」理念の実現	2
		健康配慮・食品アレルギー配慮	健康食品専門部署の設立、健康ニーズにマッチした商品の開発	
		食品ロス削減	賞味期限延長	12
		環境負荷低減	包装のコンパクト化によるゴミの削減	
	調達	環境に配慮した調達	バイオマスプラスチック包装資材の導入	12, 14
			持続可能な資源利用に配慮した原料の活用	
作る	生産	省資源・省エネルギーの追求	工程・設備の改善、代替エネルギーの導入	6, 7, 8, 12
		労働安全の追求	作業環境の改善、ヘルスチェックの実施	
売る	物流	環境負荷軽減	物流網の整備・再編、モーダルシフトの推進	7, 13
	営業	食品ロス削減	需要予測の精度向上による流通在庫現・欠品防止	12
		顧客開拓	新しい売り方・販売ルートの開拓	
		省エネルギーの追求	エコカー・エコドライブの導入	7
使う	お客様	お客様視点の充実	お客様の声を商品開発・商品改善に反映	—

出所：永谷園ホールディングス「環境・社会報告書2018」

まとめ

- □ バリューチェーンで自社の事業活動を俯瞰できる
- □ バリューチェーンから貢献できるSDGsの目標が見えてくる

一企業だけではSDGsへのインパクトは大きくできない

力を合わせてSDGs に取り組むことが重要になってくる

P.80 で説明したように、近年、大企業を中心に取引先を選定する際や、取引先から商品・サービスを購入する際の基準として行動規範などを制定する企業が増えていますが、これはサプライチェーンでつながる企業同士で連携して、SDGs に対してより大きなインパクト（改善効果）を高めるためのひとつの取り組みともいえます。

他方、消費者に「エシカル消費」が広がりつつありますが、これも企業と消費者による「連携」という見方ができるかもしれません。消費者のニーズに企業が応えることが、環境負荷の抑制や原材料のサプライヤーにおける児童労働や強制労働など人権侵害の防止につながるからです。

また、昨今、活発化している、**企業・組織の枠組みを越えて技術や知識を持ち寄り、新技術・新製品を開発する「オープン・イノベーション」の取り組みもSDGsに貢献できる連携のかたち**といえます。

SDGs が目標⑰に「パートナーシップで目標を達成しよう」を掲げるのは、一個人より複数の人々、一企業より複数の企業といったようにさまざまな連携・協力がなければ、SDGs の 17 の目標すべてを 2030 年までに達成することが難しいのが明らかだからです。

2019 年 9 月にニューヨークの国連本部で行われた SDGs に関する初の首脳級会合の共同宣言では、進捗が遅れる貧困撲滅やジェンダー平等などで各国に行動の加速を求めました。進捗の遅れの原因の一端は企業にもありますから、パートナーシップを強化して、より大きなインパクトを生むべく努力する必要性は増しています。

連携によってインパクトを大きくできる例

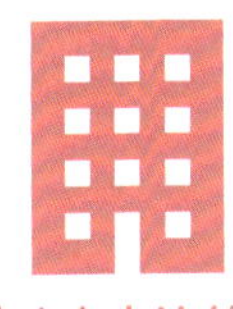

《地方自治体》

- 人手が足りない
- 解決したい問題が山積
- 解決策がない

《企業》

- 技術はあるが知られていない
- 社会貢献しながら利益を！
- 自社の技術を試す場がない！

《地方自治体》

《企業》

- 地方自治体の人出不足を企業が補完
- 企業の技術で地方自治体の問題を解決
- 地方自治体が成功事例として発信して、企業の知名度アップ

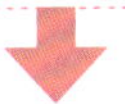

連携の成功がさらなる連携の輪を広げ、
目標達成を目指す大きな力に！
企業の業績アップにつながるなど好循環が生まれる！

まとめ

- □ サプライチェーンでつながる企業同士の連携強化が重要
- □ 2019年9月、国連事務総長はSDGsの進捗の遅れを指摘

より幅広いパートナーと連携するには?

連携によって、今までにないかたちで力を発揮する

SDGsの実現には、あらゆる人たちが強みを生かしながら連携することが求められていることもあり、**「企業とNGO・NPO」「企業と地方自治体」など、今までにはあまりなかった組み合わせの連携が活発化しています。**

たとえば、環境破壊などの社会課題の解決に取り組む日本の国際協力NGOを後方支援する国際協力NGOセンター（JANIC）は、NGO・NPOと企業・労働組合・自治体の連携の橋渡し役を担うことで、NGO・NPO活動のインパクトを最大化し、社会課題の解決を目指しています。

また、内閣府ではSDGsの国内実施を促進して地方創生につなげることを目的に、地方自治体、企業、NGO・NPO、大学・研究機関などのパートナーシップを深める官民連携の場として、「地方創生SDGs官民連携プラットフォーム」を設置しています。

こうした仕組みを利用して、新たなパートナーシップを構築するのはひとつの手です。ただし、異なる文化、背景を持つ組織が連携するには、以下の3点が重要です。

- **目的を共有すること**
- **お互いを理解すること**
- **正直であること**

これらに留意しながら連携すれば、企業として社会的課題に対する積極的な姿勢を示せるほか、NPO・NGOや大学などの専門的な知見を取り入れることができるなどのメリットがあります。

新たな相手と連携する手順

① 連携する目的の明確化

自社の連携する目的を明確にする。

▼

② 互いの特性を把握する

連携を始めるにあたり、それぞれの特性、違いを知る。

▼

③ 連携相手を探す

特定非営利活動法人国際協力NGOセンター(JANIC)や1%クラブなどの、企業および企業人の社会貢献活動を支援する組織を活用すると効率的。

▼

④ 連携相手を選ぶ

理念・方針を共有できるか、社会的影響に配慮しているか、専門性を有しているか、組織運営に問題がないか、対等な立場でコミュニケーションができるかなどに留意して相手を選ぶ。

▼

⑤ 具体的な目標を設定する

どんなことを解決するために、何を実施して、何を実現するか、具体的に連携する目標を設定する。

⑥ 役割分担を確認する

連携相手との役割分担、責任範囲を明確にする。

▼

⑦ 規模を決める

財務面などを勘案して、事業遂行が可能な規模での連携を検討する。

▼

⑧ スケジュールを立てる

事業期間や見直し時期を設定する。

▼

⑨ 人員体制を整える

事業の実施規模に応じた人員体制を整える。

▼

⑩ 書面によって確認する

⑤～⑨で決めたことを書面で確認し、必要に応じて覚書や契約書を取り交わす。

▼

⑪ 評価・報告を行う

連携の成果の評価・報告の方法を決め、事業開始後に定期的に評価・報告を行う。

▼

⑫ 改善に向けた取り組み

⑪で行った評価を双方で共有し、次の計画に反映させて目標達成を目指す。

出所:NGOと企業の連携推進ネットワーク「地球規模の課題解決に向けた企業とNGOの連携ガイドラインVer.5」より作成

まとめ

- ☐ 連携することで社会的課題に積極的な姿勢を示せる
- ☐ これまでにないような連携によって知見を得ることができる

Column

デンマークのエコ・ビレッジ「UN17 ビレッジ」

デンマークでは、SDGs の全目標の達成を目指す「UN17 ビレッジ」というエコ・ビレッジ（持続可能性を目標としたコミュニティ）をつくるプロジェクトが動き始めています。その名が示すように、国連（UN）が対象した SDGs の 17 の目標に対応することを目指す建築プロジェクトで、2023 年にコペンハーゲン南部に広さ約 3 万 5,000㎡のビレッジが完成予定です。

コンセプトは、「自然界では廃棄物は存在しない」「都市を発展させるのに環境を犠牲にする必要はない」。環境、社会、生物多様性など、さまざまな観点から持続可能性を追求するビレッジ内には、さまざまな工夫が施されます。屋根にソーラーパネルを設置して電力をまかなうのはもちろんのこと、持続可能性に焦点を当てたイベントを開催するカンファレンスセンター、生物多様性を促進するための屋上庭園、住民が自らの野菜を育てるための温室、年 150 万リットルの水をリサイクルできる雨水収集施設、その雨水を利用したコインランドリーなどがつくられる予定です。

また、施設の建設をする際に使われる建築資材は、通常なら廃棄物として扱われるコンクリート、木材、窓ガラスなどの廃材からリサイクルされたアップサイクル（元の製品よりも次元・価値の高いモノを生み出すこと）素材が使われ、将来、ビレッジ内で廃材が出た場合もアップサイクルされるといいます。さらには、アップサイクル素材に加工する事業所を設置することで、地元に雇用を創出することも視野に入れています。

SDGs 推進先進国であるデンマークでは、一歩進んだ持続可能な都市開発の取り組みがすでに動きはじめています。

THE BEGINNER'S GUIDE TO SUSTAINABLE DEVELOPMENT GOALS

Part 4

正しくお金を使えば、
世の中をよりよい方向へ導ける！

SDGs達成のカギを握るESG投資とは？

責任投資原則（PRI）を理解する

機関投資家にESG投資を促すことになったPRI

2006年4月、当時の国連事務総長であるコフィー・アナン氏が機関投資家に対して、**責任投資原則**（**PRI**：**P**rinciples for **R**esponsible **I**nvestment）を発表しました。

PRIは、機関投資家（生保・損保、銀行、年金基金など、資産保有者から資産運用を受託している機関のこと）が投資を行う際に、**環境**（**E**：Environment）、**社会**（**S**：Social）、**企業統治**（**G**：Governance）の3つの要素、いわゆる**ESG**を投資対象の決定に取り込むことを求めています。

簡単にいえば、目先の利益優先で乱開発する企業や、途上国で労働者を搾取するようなビジネスを行う企業ではなく、ESGの観点を踏まえた活動を行っている企業を投資先として選定することを機関投資家に求めたのです。SDGsの達成には多額の資金が必要ですから、こうした投資の力を利用しようとしたわけです。

PRIに法的拘束力はありませんが、機関投資家に持続可能な社会に貢献する企業に投資することを促したことで、投資対象となる企業はESGへの配慮に積極的になってきました。

なお、2018年末までにPRIに署名した機関は全世界で2,232（前年比21%増）で、国別ではアメリカ422、イギリス345、フランス200と欧米の国々が上位に並んでいます。日本はアジアで最多ですが、わずか68にとどまっています。なお、署名した機関には年金積立金管理運用独立行政法人（GPIF）のほか、大手生保、大手投信運用会社、東京大学などの学校法人も名を連ねています。

PRIの6つの原則

1. 私たちは、投資分析と意思決定のプロセスにESG課題を組み込みます。
2. 私たちは、活動的な（株式などの）所有者になり、所有方針と所有習慣にESG問題を組み入れます。
3. 私たちは、投資対象の企業に対してESGの課題についての適切な開示を求めます。
4. 私たちは、資産運用業界において本原則が受け入れられ、実行に移されるよう働きかけを行います。
5. 私たちは、本原則を実行する際の効果を高めるために、協働します。
6. 私たちは、本原則の実行に関する活動状況や進捗状況に関して報告します。

国別のPRIに署名した機関数

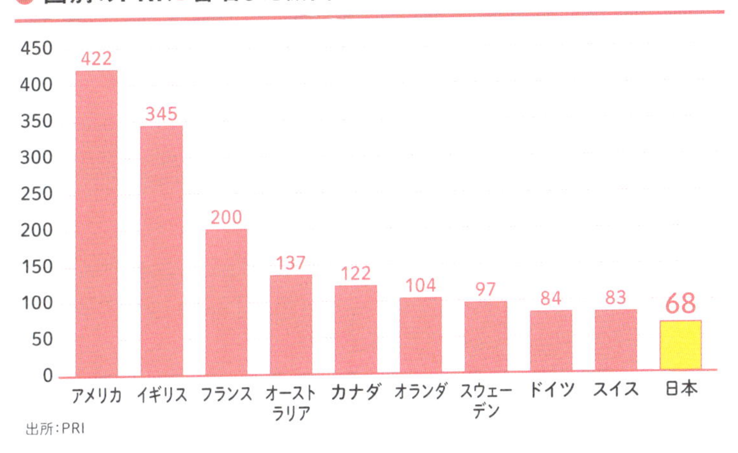

出所：PRI

まとめ

- □ PRIによってESG投資が注目されるようになった
- □ ESGに配慮しない企業は投資対象から外される

世界の投資家から注目を集める「ESG投資」とは?

財務情報だけでなく、非財務情報も重視されつつある

PRI（P.90）をきっかけに、投資の世界ではESG投資が大きなムーブメントになりました。従来、投資家が投資対象となる企業を選定する際に重視してきたのは、キャッシュフローや利益率などのいわゆる「財務情報」でした。しかし、PRIが提唱されて以降、「財務情報」に加えて、「非財務情報」も重視されるようになっています。

たとえば、「E（環境）」であれば地球温暖化対策など、「S（社会）」はジェンダー平等や児童労働禁止など、「G（企業統治）」はコンプライアンスなどがその要素として挙げられます。これらの**「非財務情報」であるESGを考慮する投資を「ESG投資」といいます。**

たとえば、自然環境に配慮しない企業、女性に差別的な企業、法令違反をするような企業の商品を買いたいと思うでしょうか。そのような企業は、消費者やパートナー企業から忌避され、いずれ市場からの退場を余儀なくされるでしょう。

一方、ESG評価の高い企業は、事業の社会的意義、成長の持続性などが優れた企業といえます。投資家に利益をもたらしてくれる可能性が高いため、投資対象として積極的に選ばれるようになってきているのです。

従来、上場企業は決算を発表するごとに、当該期間の経営成績を財務情報を中心とした「事業報告書」などで公表してきました。なぜなら、投資家は当該期間の経営状況を「財務状態」で判断したからです。しかし、昨今では財務情報だけでなく非財務情報もあわせて公表する「統合報告書」をつくる企業が増えています。

ESG投資とは「非財務情報」で投資先を選ぶこと

- CO_2排出量の削減を行っているか？
- 生物多様性の保護に配慮しているか？
- 気候変動対策を行っているか？
- 再生可能エネルギーを活用しているか？

など

CHECK

Social

社会

- 労働環境の改善を行っているか？
- 人権に配慮しているか？
- 女性を役員に登用しているか？
- 児童労働を行っていないか？

など

- 法令を遵守しているか？
- 情報開示に積極的か？
- 社外取締役を設置しているか？
- 役員会の独立性は担保されているか？

など

「財務情報」だけでなく、「非財務情報」も考慮して投資を行うのが「ESG投資」！

まとめ

- □「非財務情報」を重視するESG投資が注目されている
- □ 企業は「非財務情報」も積極的に発信しはじめた

ESG投資とSRI（社会的責任投資）の違い

SRIもESG投資も非財務情報を考慮する

ESG投資によく似た概念に「**社会的責任投資（SRI、Socially Responsible Investment）**」があります。「サステナブル投資（持続可能な投資）」とも呼ばれるSRIは、一般的に投資対象となる企業のCSR（P.42）に着目し、経済的利益だけでなく、社会・環境にもたらすメリットに考慮しながら投資の力によって、よりよい世界に貢献する戦略的投資を指します。1920年代のアメリカで、武器、ギャンブル、タバコ、アルコールなどに関わる企業へは投資しないというネガティブ・スクリーニング（P.100）が起源とされているように、決して新しい考え方ではありません。

SRIもESG投資も非財務情報を考慮する点では同じなので、その違いはわかりづらいですが、その起源からもわかるように、SRIは倫理的な価値観を重視するのが特徴です。

一方のESG投資は「環境・社会・企業統治」を考慮することが長期的な企業価値の向上につながる――結果としてリターンの増大がもたらされると考えて投資する手法といえます。SRIは倫理的意識が高い人のみが行う印象がありましたが、現在の社会背景を鑑みれば、ESG投資はすべての投資家に求められる概念といってもいいでしょう。

昔は、「社会、環境に配慮するとコストが高くなり、経済的なリターンが犠牲となる」と考られていましたが、**さまざまな研究や客観的なデータでもESG投資やSRIは、経済的なリターンが大きくなることが証明されつつあります**。

ESG投資と非ESG投資のパフォーマンス

MSCI EAFE Index（非ESG投資）
先進21カ国を対象にした各国市場の時価総額上位約85%を対象にした株価指数

MSCI Japan ESG Universal Index（ESG投資）
人権侵害、労働者保護、環境破壊などで国際基準を満たさない企業や、問題性のある武器を製造・販売する企業を対象から外して、ESGスコアの高い日本企業で構成された株価指数

MSCI KLD 400 Social Index（ESG投資）
SRIの代表的指数のひとつ。社会的意識の高い米国企業400社で構成された株価指数

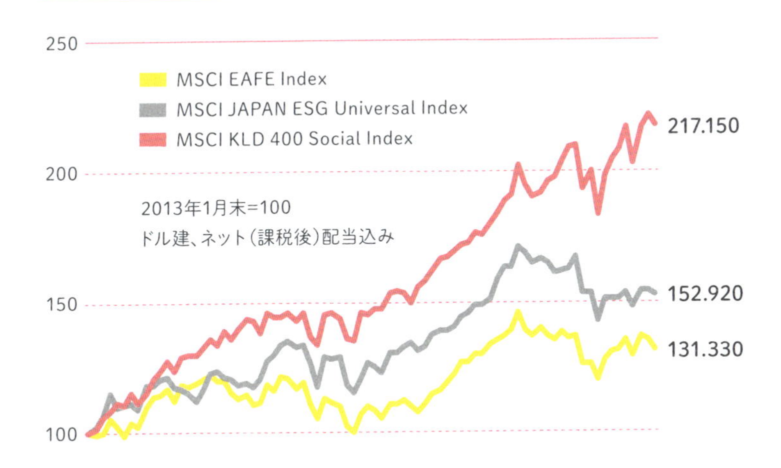

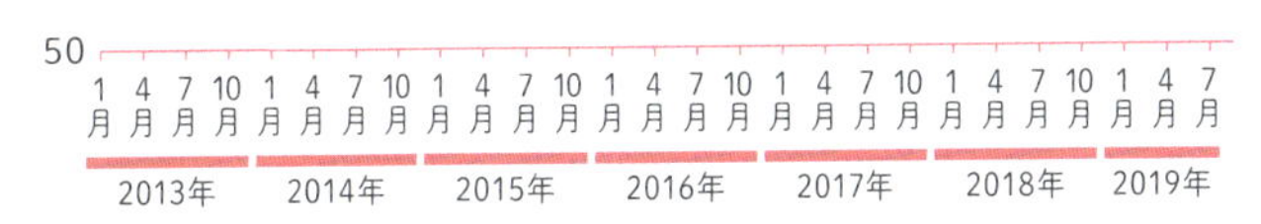

出所：MSCI

まとめ
- ☐ ESG投資とSRIは「非財務情報」に着目した投資手法
- ☐ ESG投資とSRIのパフォーマンスは高くなる傾向がある

世界の投資残高は30兆ドル超！急拡大するESG投資の現在

日本でもESG投資の投資残高は2兆ドルを超えた

世界のESG投資額に関する統計を集計する国際団体GSIA（Global Sustainable Investment Alliance）の報告書「Global Sustainable Investment Review（GSIR）」によると、2018年の世界のESG投資残高は、2016年の22兆8,900億ドル（約2,518兆円）から34.0％増加して、30兆6,830億ドル（約3,375兆円）となっています。

世界の地域別に見ると、欧州と米国で85％を占めています。2016年初時点の世界全体の投資総額に占めるESG投資の割合は約4分の1でしたが、2018年の年初時点では35.4％と3分の1以上にまで増加しています。

このデータからも、**ESGに配慮しない企業は、年を追うごとに機関投資家から投資対象として選定されなくなっている**ことがわかります。

欧米諸国に比べて出遅れていた日本ですが、ここ数年で急激な伸びを示しています。2014年にはわずか70億ドル（約7,700億円）程度でしたが、2018年には2兆1,800億ドル（約240兆円）と、4年間で投資額が300倍以上になっています。なお、投資額全体に占めるESG投資の割合は、2014年にわずか0.2％でしたが、2018年には18.3％と急激にその比率を高めています。

詳しくはP.98で説明しますが、この背景には2017年に、私たち日本人の年金を運用する世界最大級の機関投資家である年金積立金管理運用独立行政法人（GPIF）がESG投資を開始したことが大きく影響しています。

世界のESG投資残高の推移

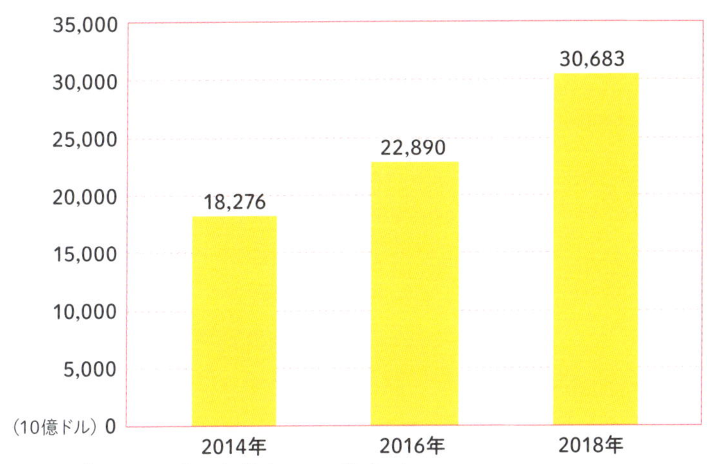

出所：GSIA「2018 Global Sustainable Investment Review」

ESG投資残高の国・地域別内訳（2018年）

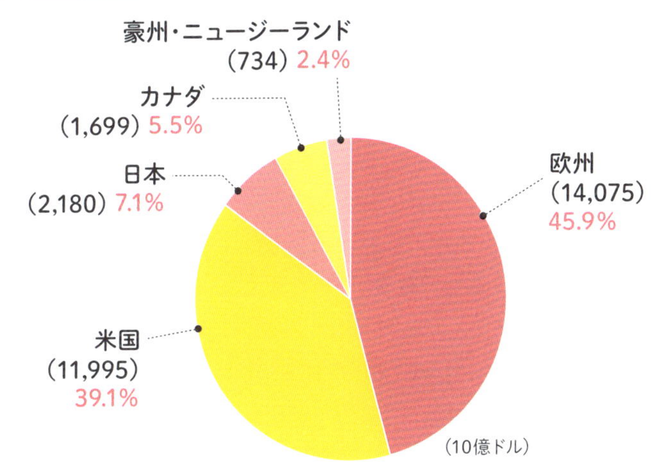

出所：GSIA「2018 Global Sustainable Investment Review」

まとめ

- □ ESG投資の投資残高は漸増傾向にある
- □ 欧米に比べると日本のESG投資額は少ない

世界最大の年金基金GPIFも始めたESG投資

GPIFはすでに3.5兆円超をESG投資で運用している

公的年金を運用する年金積立金管理運用独立行政法人（GPIF）は、160兆6,687億円（2019年6月末現在）の資産を持つ世界最大の機関投資家として知られています。

GPIFは、**2017年6月に制定した「スチュワードシップ（他人から預かった資産を、責任をもって管理運用すること）活動原則」で、実際に公的年金を運用する信託銀行や投資顧問会社などの運用受託機関に対し、ESGに配慮する企業への投資をするように求めました。**これをきっかけに日本でもESG投資が広がることになりました。

2017年7月、GPIFは3つのESG指数を選定・公表して、約1兆円規模でESG投資を開始。その後は段階的に規模を拡大し、2019年3月末現在、右ページの5つのESG指数（ESG5指数）に基づく運用額は3兆5,147億円になっています。

ESG指数とは、ESG評価において優れている企業で構成される株価指数のことです。それぞれの指数によって、ESGのうち「E（環境）」の部分に着目したり、「S（社会）」のなかでも女性の活躍に着目するなど、企業を評価する方法は異なります。この指数に連動するように運用することでGPIFはESG投資を行っています。

上場企業の立場から見れば、GPIFが投資対象とするESG指数を構成する銘柄に採用されれば注目度が高まり、株価の上昇要因になります。GPIFがESG投資に力を入れたことは、上場企業が環境問題や社会問題、企業統治に対してより積極的になるインセンティブのひとつになっています。

GPIFが採用する5つのESG指数と運用額（2019年3月末）

指数名〈対象〉	指数のコンセプト	〈指数構成銘柄〉運用額
ESG FTSE Blossom Japan Index〈国内株〉	● 世界有数の歴史を持つFTSEのESG指数シリーズ。FTSE4GoodJapanIndexのESG評価スキームを用いて評価 ● ESG評価の絶対評価が高い銘柄をスクリーニングし、最後に業種ウエイト（比重）を中立化したESG総合型指数	〈152〉 6,428億円
ESG MSCIジャパンESGセレクト・リーダーズ指数〈国内株〉	● 世界で1,000社以上が利用するMSCIのESGリサーチに基づいて構築し、さまざまなESGリスクを包括的に市場ポートフォリオに反映したESG総合型指数 ● 業種内でESG評価が相対的に高い銘柄を組み入れ	〈268〉 8,043億円
社会（S） MSCI日本株女性活躍指数（愛称「WIN」）〈国内株〉	● 女性活躍推進法により開示される女性雇用に関するデータに基づき、多面的に性別多様性スコアを算出、各業種から同スコアの高い企業を選別して指数を構築 ● 当該分野で多面的な評価を行った初の指数	〈213〉 4,746億円
環境（E） S&P/JPXカーボン・エフィシェント指数〈国内株〉	● 環境評価のパイオニア的存在であるTrucostによる炭素排出量データをもとに、世界最大級の独立系指数会社であるS&Pダウ・ジョーンズ・インデックスが指数を構築 ● 同業種内で炭素効率性が高い（温室効果ガス排出量/売上高が低い）企業、温室効果ガス排出に関する情報開示を行っている企業の投資ウエイト（比重）を高めた指数	〈1,738〉 3,878億円
環境（E） S&Pグローバルカーボン・大中型株エフィシェント指数（除く日本）〈外国株〉		〈2,199〉 1兆2,052億円
	合計	3兆5,147億円

出所：GPIF

まとめ
- ☐ GPIFのESG投資の運用額は3.5兆円を超えた
- ☐ GPIFは5つのESG指数を選定して投資している

ESG投資には7つの投資手法がある

ESG 投資には、さまざまなアプローチがある

将来の事業リスクや競争力などを図るうえで積極的に非財務情報を活用し、市場平均よりも大きなリターンを目指す**ESG 投資には主に 7 つの手法があります。**

①**ネガティブ・スクリーニング**……武器、ギャンブル、たばこ、化石燃料、原子力などに関する企業を投資先から除外する手法。

②**ポジティブ・スクリーニング**……ESG に積極的な企業は中長期的に成長するという観点で、ESG 評価が高い企業に投資する手法。

③**規範に基づくスクリーニング**……ESG 分野で国際的な規範への対応が不十分な企業を投資先リストから除外する手法。

④ **ESG インテグレーション**……財務情報だけでなく非財務情報（ESG 情報）も含めて投資対象を分析する手法。

⑤**サステナビリティテーマ投資**……持続可能性と関連のあるテーマや資産へ投資する手法。たとえば、グリーンエネルギー、グリーンテクノロジー、持続可能な農業への投資など。

⑥**インパクト投資／コミュニティ投資**……社会・環境課題を解決する技術やサービスを提供する企業に投資する手法。社会的弱者や社会から排除されたコミュニティに対するものは「コミュニティ投資」と呼ばれる。

⑦**エンゲージメント・議決権行使**……株主として積極的に企業へ働きかける投資手法。株主総会での議決権行使、情報開示要求などの対話を通じて ESG への配慮を投資先企業に迫る。

ESG投資の投資手法別資産残高（2018年と2016年の比較）

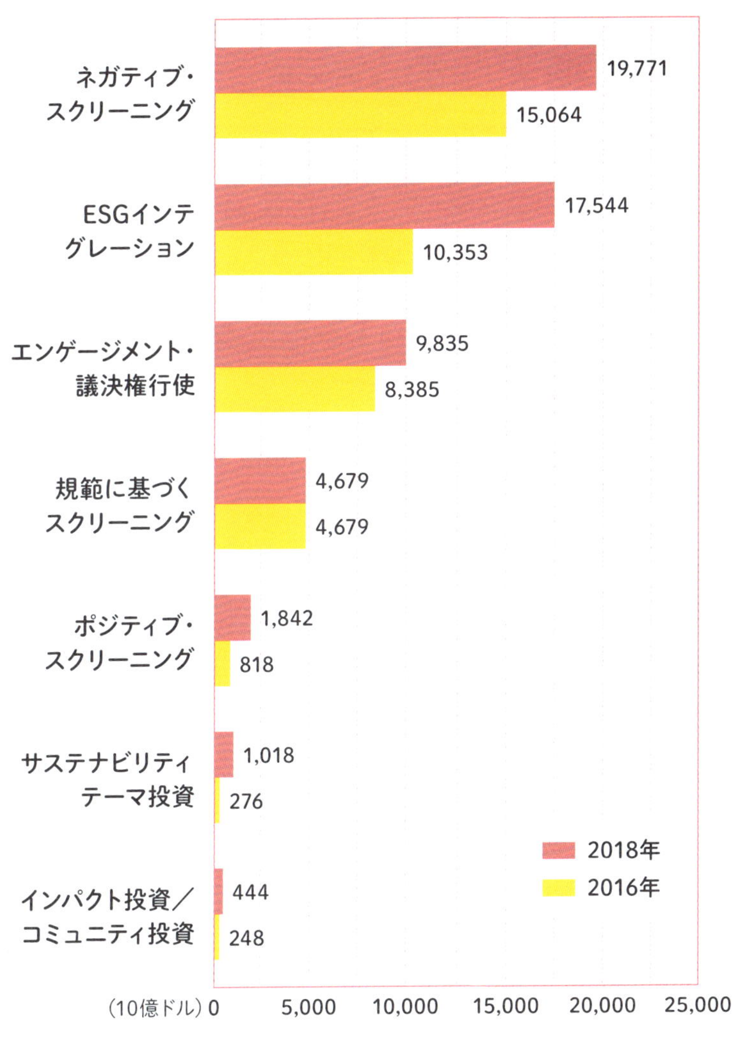

出所：GSIA「2018 Global Sustainable Investment Review」

まとめ

- □ ESG投資には主に7つの手法がある
- □ ネガティブ・スクリーニングとESGインテグレーションが主流

ESG投資の事例を知る①
第一生命保険のケース

ESG投資において大きな役割を担う機関投資家

大手生保・第一生命は、2018年3月には環境省「持続可能な社会の形成に向けた金融行動原則」において、最優良取組事例として「環境大臣賞」（総合部門）を受賞するなど、ESG投資の取り組みが評価されている機関投資家のひとつです。

同社は、収益性を前提とした社会課題解決に繋がるテーマを持った資産などへのESG投資と、投資プロセスへESG要素を体系的な組み込むESG投資の2タイプに分け、世界中に投資しています。

たとえば、2016年11月にアフリカ開発銀行（AfDB）が発行した債券「フィード・アフリカ・ボンド」の全額（約52億円）を購入しています。2050年までに人口が約25億人まで増えると予想されているアフリカにおいて、食糧確保は重要な課題です。AfDBがこの課題を克服するために行う事業資金に第一生命が投資した資金が充てられるということです。これはSDGsの目標②「飢餓をゼロに」に直結するサステナビリティテーマ投資の典型例といえます。

また、同社は運用収益の獲得と社会や環境へのインパクト（成果）の創出の両立を意図した「インパクト投資」にも取り組んでいます。たとえば、「危険環境下での作業における事故リスク低減」という社会的インパクトを狙って、2018年10月にサイボーグ技術の研究・開発を行う国内ベンチャー・メルティンMMIに3億円を投資。この取り組みは目標⑧「働きがいも経済成長も」に貢献します。

SDGsの達成には、民間資金の活用は不可欠です。なかでも資金力がある機関投資家は大きな役割を果たすべき存在といえます。

第一生命の主なESG投資の投資対象

投資テーマ	主な投資事例	
	インパクト投資	その他の投資
1 貧困をなくそう 貧困撲滅	マイクロファイナンス事業を行うベンチャーなど	欧州復興開発銀行「マイクロファイナンスボンド」
2 飢餓をゼロに 飢餓撲滅	ー	アフリカ開発銀行「フィード・アフリカ・ボンド」
3 すべての人に健康と福祉を 健康的な生活・福祉	治療アプリの研究開発・提供を行うベンチャーなど	アジア開発銀行「ヘルス・ボンド」／トルコにおける病院整備運営事業向けプロジェクトファイナンス／欧州復興開発銀行「ヘルス・ボンド」／メトセラへの投資
5 ジェンダー平等を実現しよう ジェンダーの平等	ー	アジア開発銀行「ジェンダー・ボンド」
7 エネルギーをみんなに そしてクリーンに 持続可能なエネルギー	ー	国内メガソーラー事業向けプロジェクトファイナンス／ドイツ洋上風力発電事業向けプロジェクトファイナンス
8 働きがいも経済成長も 持続可能な経済成長・完全雇用	サイボーグ技術の研究・開発を行うベンチャー(メルティンMMI)など	国際金融公社「インクルーシブ・ビジネス・ボンド」／新興国の金融機関へ投資するIFCアセットマネジメント社のファンド／カタール天然ガスプラント事業向けプロジェクトファイナンス／ASEAN地域特化型ファンドへの投資
9 産業と技術革新の基盤をつくろう インフラ整備・イノベーション	ー	国際協力機構ソーシャルボンド／アフリカ開発銀行「ライト・アップ・アンド・パワー・アフリカ・ボンド」／福岡空港コンセッション事業向けプロジェクトファイナンス
13 気候変動に具体的な対策を 気候変動への対応	新世代バイオ素材の開発を行うベンチャー	東京グリーンボンド／海外私募REITファンド・オブ・ファンズ／鉄道・運輸機構グリーンボンド

出所：第一生命保険

まとめ
- □ 民間資金の活用という面で機関投資家の役割は大きい
- □ SDGsに紐づけたESG投資を行う機関投資家が増えている

ESG投資の事例を知る②
ARUNのケース

小規模投資で大きな社会貢献に寄与

ARUN は、**経済的な利益を生み出しながら社会的な課題を解決することを目的とした「社会的投資」**を行う日本の団体です。ARUN は、ESG 投資という観点で見れば、7 つの手法（P.100）のうちの「インパクト投資／コミュニティ投資」を行っており、社会課題や環境問題を解決する技術やサービスを提供するスタートアップを発掘しています。以下の 3 点を考慮しながら、これまでにアジアの社会的企業 9 社（カンボジア 5 社、インド 3 社、バングラデシュ 1 社）に投資してきました（2019 年 9 月現在）。

①貧困などの社会課題や環境問題の解決を目的とするイノベーティブなビジネスを行っている企業に投資すること

②投資先企業の経済的活動だけでなく、社会的な影響も投資の評価として報告を行っていること

③日本の投資家と途上国の投資先が相互に理解し、アイデアを共有できる「社会的投資プラットフォーム」をつくろうとしていること

投資先のひとつが、インドの家政婦紹介の事業を行うスタートアップ「ブックマイバイ」です。すでに 1 万 3,000 人の紹介実績があります。同社が仲介者となることで、農村や都市スラムに住む社会的に弱い立場の女性が働く機会を得ることができるようになりました。さらに、契約書の締結のサポートや 24 時間ヘルプラインの設置などを行うことで、労働環境の改善やトラブルの減少につながり、女性の経済的自立に貢献しています。結果として、目標①、目標⑤、目標⑧の達成につながっています。

ARUNが投資する途上国の企業

カンボジア

Lighting Engineering & Solutions

（ライティング・エンジニアリング&ソリューションズ）

【企業概要】電化率が特に低い農村部の住民へ環境に優しい電力供給ができるソーラーパネルの販売。地域住民を営業兼メンテナンス要員に雇用するなどの工夫で、環境問題と労働問題の両方に焦点をあてる。

Sahakreas CEDAC

（サハクレア・セダック）

【企業概要】小規模農家10万世帯がエコロジカルな農業技術により栽培した有機米やハチミツの流通事業を行う企業。出資を通じ、農家の生活環境の向上や環境保護に貢献している。

バングラデシュ

Drinkwell

（ドリンクウエル）

【企業概要】地下水に含まれるヒ素など有害物質を除去し、途上国でもメインテナンス可能な浄水素材・システムを開発、販売している。安全な飲用水の確保と健康被害の抑制に貢献する。

インド

iKure Techsoft

（アイキュア・テックソフト）

【企業概要】IT技術を介してインドの無医村地帯に安価に一次医療サービスを提供する企業。投資によって、多くのひとに医療サービスを提供するだけでなく、医療従事者の成長機会を創出している。

Stellapps

（ステラップス）

【企業概要】:IoT技術を活用した酪農セクター向けデバイスの提供により、生産性の向上、サプライチェーンの効率性、透明性の向上をはかり、零細農家の生活向上に貢献している。

Bookmybai

（ブックマイバイ）

【企業概要】インターネット上で家政婦の登録と雇用ができるサービスの提供により、農村や都市スラムに住む社会的に弱い立場の女性の雇用機会を創出し、女性の経済的自立に貢献する。

まとめ

- □ 小規模の投資でもESG投資によって世界をよりよくできる
- □ ESG投資を行えば、SDGsの貢献に寄与できる

ESG投資の拡大がさまざまな分野で好循環をもたらす

ESG投資の力は未来を変える力をもっている

アナン元事務総長がPRI（P.90）を提唱したことをきっかけに、環境、社会、企業統治に考慮したESG投資が世界的に広がっていますが、投資はリターンを求めるものである以上、投資した人に利益がもたらさなければいけません。

そこで疑問になるのが、機関投資家がESG投資をするメリットがあるのかということです。

ESG投資に流入する資金が増えれば、企業は投資家から投資をしてもらうためにESG評価を向上させる必要性が増します。それにより企業のESG対応が強化されれば、長期的な企業価値の向上につながるため、株価は上がり、結果的に機関投資家はリターンを享受できます。実際にESG評価が高い企業は、そうでない企業に比べ、高いパフォーマンスを示しているのはP.94でも説明したとおりです。

また、**企業がESGに配慮すれば、環境保護、人権保護につながるわけですから、世の中はよりよい方向に向かいます。その恩恵は一般市民にも広がり、すなわちSDGsの達成に直結するのです。**

また、違った観点でみてみます。GPIFはESG投資に取り組んでいますが、パフォーマンスが高ければ、日本人の大きな不安要因である年金財政の健全化に寄与します。日本企業が積極的にESGに取り組むようになれば国際的な評価が高まり、成長性に見劣りすると見られがちな日本株の魅力アップにつながるかもしれません。

このようにESG投資は、環境、社会、経済に、さまざまな好循環を生むのです。

ESG投資の拡大がもたらす好循環

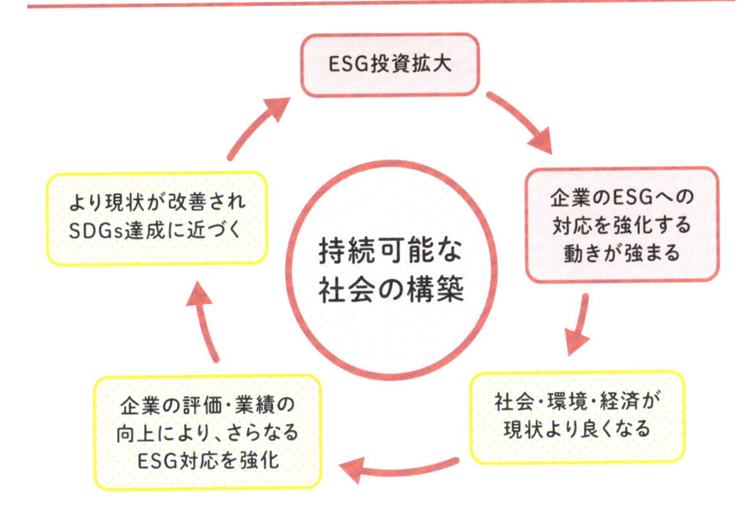

ESG投資の拡大が日本の年金にもたらす好循環

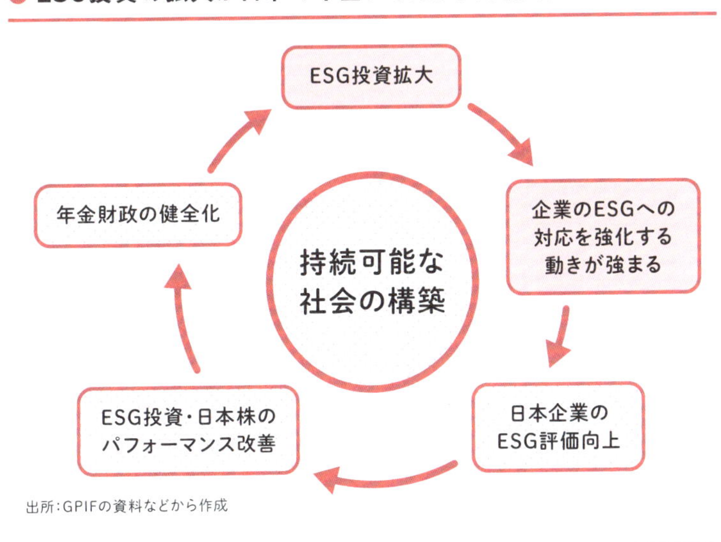

出所：GPIFの資料などから作成

まとめ

- □ ESG投資が、企業の意識を変える起点になる
- □ ESG投資は投資家だけでなく、一般市民にもメリットを与える

Column

フランスが導入した「国際連帯税」とは?

「国際連帯税」とは、貧困・感染症や気候変動、金融危機など、地球上のさまざまな問題や課題に対処するために国際社会が協働で資金を確保する仕組みです。

2000年に貧困人口を半減するなど8つの目標を定めたMDGs（P.16）では、少なくとも年間500億ドルの資金が必要でした。その財源は先進国の政府開発援助（ODA）などで賄われていましたが、必要額を調達できる見込みはほとんどありませんでした。しかも、リーマンショックのようなグローバル規模の財政危機が発生して、各国の財政に余裕がなくなると、ODAへの資金供与も持続的ではなくなります。

そこで国という枠組みを超えて課税する国際連帯税という仕組みによって、恒常的に世界の問題・課題を解決するための対策資金を捻出しようとしたのです。

国際連帯税を最初に導入したのがフランスです。2006年に「航空券連帯税」を導入しました。航空券連帯税は、導入している国から出国する便の航空券に課税され、エコノミークラスだと日本円で数百円相当額が徴収されます。たとえば、日本人でもフランス旅行をして飛行機で帰国すれば、航空券連帯税を支払うということです。現在はベナン、ブルキナファソといったアフリカ諸国や韓国、チリなど十数カ国が同税を導入しています。

航空券連帯税は一部または全部が、UNITAID（ユニットエイド：国際医薬品購入機関）に拠出され、途上国のエイズ・結核・マラリアという3大感染症治療のための医薬品や診断薬の購入に役立てられています。

Part 5

SDGsを経営に
うまく取り込むための方法論

企業は経営と
SDGsをどうリンク
させるのか？

SDGsは「バックキャスティング」で考える

望ましい未来から逆算して、今やるべきことをやる!

多くの人は、「現在の延長線上に未来がある」と考えがちです。たとえば、学生時代に「勉強して、いい大学に入れば、いい会社に就職できるはず」と考えていなかったでしょうか。こうした考え方を「**フォアキャスティング**」といいます。現在の延長線上に想定される未来を「将来の目標」として据える考え方です。現状を改善しながら、目標達成に向かっていくアプローチといってもいいかもしれません。

しかし、SDGsでは「**バックキャスティング**」と呼ばれる違ったアプローチを要求しています。SDGsは全世界共通の2030年までに達成すべき目標です。その明確な目標を達成するために、未来のあるべき姿（= SDGsを達成した世界）から遡って、今やるべきことを考えて行動することを強く求めています。

目標がはっきりしていなければ、フォアキャスティングでしか考えようがありませんが、具体的な目標が決まっているSDGsではバックキャスティングで考えることができます。

MDGs（P.16）は、未達成の課題を残してしまいましたが、私たちの地球を守るためにも、SDGsは絶対に目標を達成しなければいけません。難しい問題・課題を突きつけるSDGsの全目標を2030年までに達成するには、フォアキャスティング的発想では間に合わない公算大です。

今できることからではなく、あるべき姿に到達するために何をすべきかを起点に、これまでとは違った破壊的創造によって解決策を見出すことが求められています。

バックキャスティングとフォアキャスティング

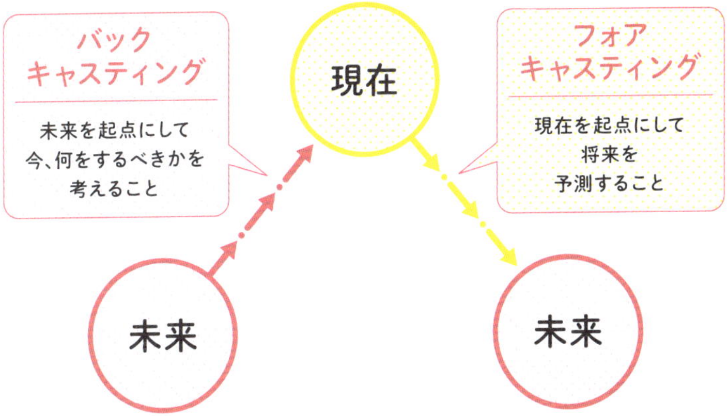

バックキャスティング
未来を起点にして
今、何をするべきかを
考えること

現在

フォアキャスティング
現在を起点にして
将来を
予測すること

未来

未来

バックキャスティング		フォアキャスティング
将来 （あるべき未来の姿）	起点	**現在** （現在の延長線上の未来）
● 今の能力を前提にせず、必要な能力をベースに考える ● 過去の経験を考慮せず、ゼロベースで考える ● 未来の不確実性を考慮せずに考える	考え方	● 今の能力や社会状況などを前提に未来の到達点を考える ● 過去の経験から考える ● 未来に起こるべきであろうことを考慮して考える
● 未来に実現していることを起点に、できない理由でなく、できる理由を考えるため、破壊的創造が生まれやすい ● 想定外のことが起こっても、その変化に対応できる	特徴	● 現在から予測できることから考えるため、破壊的創造が生まれにくい ● 確率の高い未来を予想するため、現在の延長線上の結果以上になりにくい ● 想定外のことが起こると、その変化への対応が難しい

まとめ
- □ 今できることから考える発想ではSDGsの達成は厳しい
- □ バックキャスティングで目標達成に必要なことを考える

「インサイド・アウト」ではなく「アウトサイド・イン」で考える

世界的・社会的視点から「何が必要か」を考える

たとえば、何かを伝えたはずなのに、相手に「そんな話は聞いていない」と言われたら、どう考えるでしょうか。

Aさんは「伝えたことは間違いないのだから、聞いていない相手が悪い」、Bさんは「自分の伝え方が悪かったのだろう。次はもっと伝わるように言い方を変えてみよう」と考えました。

Aさんのように、**自分を中心にして考えるアプローチを「インサイド・アウト」**といい、Bさんのように「**何が必要かを自分の外側から考えて、目的を達成しようとするアプローチを「アウトサイド・イン」**といいます。

SDGsが解決を目指している問題は複雑化しているうえ、宗教や人種などバックグラウンドの異なる人が同じ目標の達成に向けて行動しています。そのときインサイド・アウトで、自分の目線からだけで話をすれば、対立を深めるだけです。アウトサイド・インで、世界的・社会的ニーズを捉えて行動することが望まれています。

たとえば、社会・環境問題を考えるときも、自社の事業が社会や環境にどう影響を及ぼすかを考える（インサイド・アウト）のではなく、社会・環境問題を解決しなければいけないのだから、自分たちは何をすべきかを考えて行動する（アウトサイド・イン）のです。

自社の強みを生かすインサイド・アウト的なアプローチも必要です。しかし、世界的、社会的ニーズに基づき目標達成に向かう「アウトサイド・イン」がなければ、SDGsは達成できないといっても過言ではありません。

インサイド・アウトとアウトサイド・イン

インサイド・アウト

問題・課題の解決を考える際に、「自身を改善せずに自身の外部にある問題・課題を解決できない」と自身を起点に考える。現在の延長線上で未来を考えるアプローチといえる。

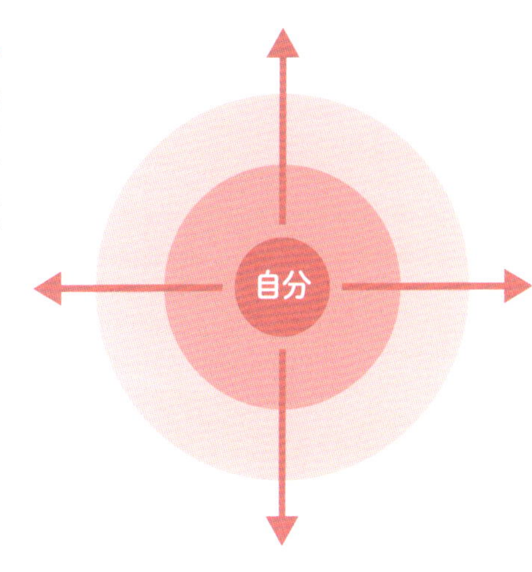

アウトサイド・イン

自身の「外部にある問題・課題」を起点に解決方法を考えるアプローチ。問題・課題に対して、どうすれば解決できるかを考えながら、現状と解決までのギャップを埋めていく。問題・課題が解決された未来から発想して現在を見るアプローチといえる。

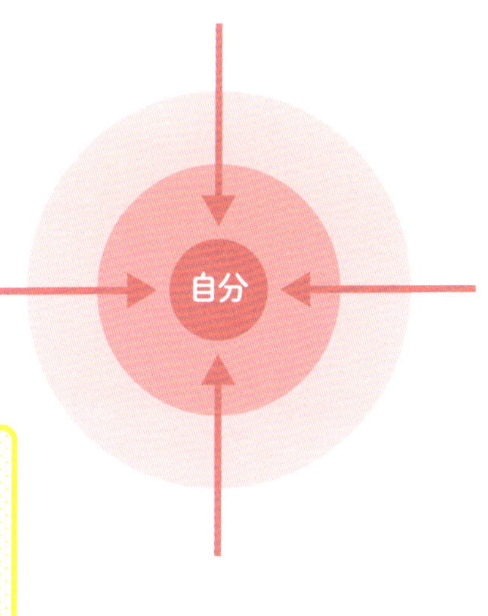

SDGsは、国際的に望ましい到達点に関しての前例のない政治的合意であるため、目標起点のアウトサイド・インでアプローチしないと、現実と目標のギャップは埋められない！

まとめ

- ☐「インサイド・アウト」で世界の課題に十分対処できない
- ☐「アウトサイド・イン」なしでSDGsの達成はできない

SDGsを経営戦略と整合させる「SDG Compass」

世界中の企業が活用するツール「SDG Compass」

SDGsは企業に行動を起こすことを求めています。しかし、その内容が複雑なこともあり、「どこから手を付けていいのかわからない」と考える企業が少なくありません。国連グローバル・コンパクトなど3団体がその道しるべになるように共同開発したツールが「**SDG Compass**」です。企業がいかにしてSDGsを経営戦略と整合させ、SDGsへの貢献を測定し、どのように管理していくかの指針を5つのステップで説明しています。

ステップ1　SDGsを理解する……まずは、企業内でSDGsの各目標やターゲットを理解し、世界的な動向についても情報を集める

ステップ2　優先課題を決定する……バリューチェーン全般を通じて事業活動がSDGsに及ぼしている、あるいは及ぼす可能性のあるプラスとマイナスの影響を把握して、SDGsの優先課題を絞り込む

ステップ3　目標を設定する……目標を設定して、具体的なアクションを考える。各企業が目指す影響をきちんと説明することをSDG Compassでは推奨している

ステップ4　経営へ統合する……SDGsに対する取り組みが事業全体に持続可能性を持ちうるようにしていく

ステップ5　報告とコミュニケーションを行う……目標や経営方針を決めたら、外部に報告・コミュニケーションを行う。関係者と協働することが大きなポイントになる

このうちのステップ2からステップ5を繰り返しながら、企業活動をブラッシュアップしていきます。

SDGsに取り組むのための5つのステップ

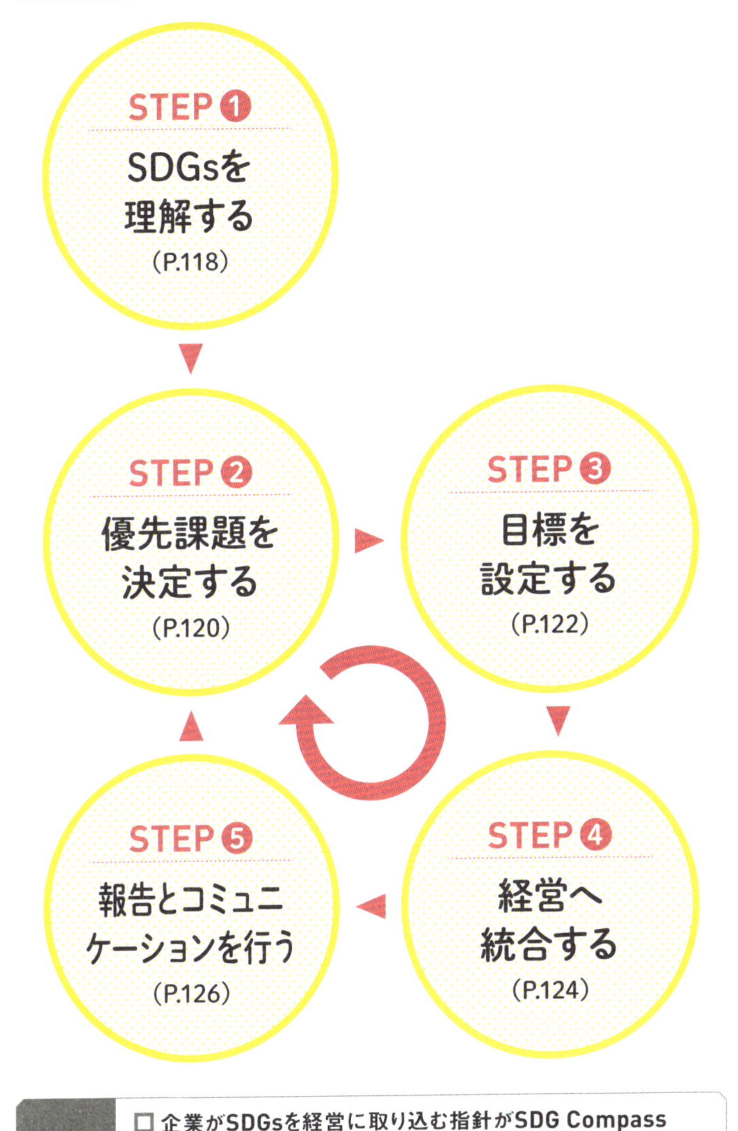

まとめ

- □ 企業がSDGsを経営に取り込む指針がSDG Compass
- □ SDG Compassは5つのステップからなる

SDG Compassの日本企業の進捗状況は?

日本企業にSDGsはまだそれほど浸透していない

一般社団法人グローバル・コンパクト・ネットワーク・ジャパン（GCNJ）および公益財団法人地球環境戦略研究機関（IGES）が公表した、日本における企業の取り組み実態に関する調査「2018年度版 主流化に向かうSDGsとビジネス～日本における企業・団体の取組み現場から～」では、売上規模1,000億円以上の大企業を中心に、SDGsの取り組みについて聞いています。そのなかの設問で「活用しているSDGsに関するツール」を聞いていますが、67%が「SDG Compass」を活用していると答えています。SDG Compassは企業がSDGsを取り組むうえでの指針になっていることがわかります。

この調査では、SDG Compassで定義されている5つのステップのうち、2016年から2018年の段階で「どのステップまで進捗しているか」も聞いています。

ステップ1「SDGsを理解する」は、2016年の54%から2018年は31%へと減少しており、ステップ2以降の合計が2016年の46%から2018年には69%に増えています。多くの企業で、SDGsを理解する段階から実施段階に入ってきていることがわかります。しかし、**日本企業のうちSDG Compassのステップ5まで進捗していると答えている企業・団体はわずか12%**にとどまっています。

P.48でも触れたように、依然、SDGsに関心をもつ中小企業はわずかですから、日本企業全体で見れば、SDGsと経営をリンクできていません。裏を返せば、積極的に取り組むことでビジネスチャンスに変える可能性がまだまだあるということです。

SDG Compassの利用状況と進捗状況

Q 活用しているSDGsに関するツール(複数回答)

	2016年	2017年	2018年
SDG Compass	78%	63%	67%
SDGs Industry Matrix	42%	31%	29%
Poverty Footprint	7%	1%	1%
GRIガイドライン	—	47%	52%
PwC Navigating the SDGs	—	6%	4%
GCNJが提供している資料(webを含む)	—	53%	36%
経団連行動憲章実行の手引き(第7版)	—	—	32%
経団連SDGs特設サイト	—	—	22%
その他	3%	13%	18%

出所:GCNJ、IGES「主流化に向かうSDGsとビジネス～日本における企業・団体の取組み現場から～」

Q 貴社・団体は「SDG Compass」で定義されているどのステップに現状ありますか?

	2016年	2017年	2018年
STEP.1「SDGsを理解する」	54%	43%	31%
STEP.2「優先課題を決定する」	22%	28%	28%
STEP.3「目標を設定する」	11%	13%	17%
STEP.4「経営へ統合する」	9%	8%	12%
STEP.5「報告とコミュニケーションを行う」	4%	8%	12%

出所:GCNJ、IGES「主流化に向かうSDGsとビジネス～日本における企業・団体の取組み現場から～」

まとめ

- ☐ SDG Compassは多くの企業で利用されている
- ☐ ステップ5まで進んでいる企業はまだ少ない

SDG Compassの【ステップ1】SDGsを理解する

SDGsを理解することなくして、アクションは起こせない

国連に加盟する193カ国が合意した「我々の世界を変革する：持続可能な開発2030アジェンダ」の第67条は次のように定め、民間企業の役割についてその重要性に触れています。

「我々は、小企業から共同組合、多国籍企業までを包含する民間セクターの多様性を認識している。我々は、こうしたすべての民間セクターに対し、持続可能な開発における課題解決のための創造性とイノベーションを発揮することを求める。」

SDGsは、世界中の企業に対し、実施する投資、展開する事業活動を通じて、SDGsを前進させ、企業の負の影響を減らすことを促している点に特徴があります。世界中の企業の活動がSDGsの達成を大きく左右するからです。そのために、第1ステップとして、企業が「SDGsとは何か」を本質的に理解することを求めています。

Part1やPart2でも触れたSDGsの目標やターゲットについてはもちろんのこと、策定された経緯などをまずは理解したうえで、自社のビジネスに目標やターゲットがどのように関係するかを考えてみましょう。SDG Compassでは、企業がSDGsを利用する利点として以下の5つを挙げています。

①将来のビジネスチャンスの見極め
②企業の持続可能性に関わる価値の向上
③ステークホルダーとの関係の強化、新たな政策展開との同調
④社会と市場の安定化
⑤共通言語の使用と目的の共有

SDG Compassが挙げる企業が取り組むべき5つのメリット

①将来のビジネスチャンスの見極め

- 省エネルギー、再生可能エネルギーなど、持続可能な輸送の促進につながる革新的な技術
- 情報通信技術（ICT）とその他の技術を活用した排出量および廃棄物の少ない製品
- 貧困層の生活改善につながる未開拓市場における製品・サービス需要の充足

②企業の持続可能性に関わる価値の向上

- 企業は環境や人権に対する意識が高い若い世代の人材が獲得しやすくなる
- 従業員の労働意欲、協働、生産性を向上させることができる
- 商品を購入する際に、企業の取り組みを購入の判断材料にする消費者が増えている

③ステークホルダーとの関係の強化、新たな政策展開との同調

- ステークホルダーとの信頼関係の強化
- 操業についての社会的容認の拡大
- 法的リスク、レピュテーションリスク（マイナスの評判が広まることによる経営リスク）などの軽減
- 今後の法整備により発生し得るコストの高騰や制約に対する対応力の構築

④社会と市場の安定化

- 世界中の何十億人もの貧困層を救済することで市場を拡大
- 教育を強化することで熟練性と忠実さを有する従業員の育成
- ジェンダー格差の解消及び女性の地位向上の促進による新たな成長市場の創造
- 地球の許容力に見合った資源利用により、生産に必要な天然資源を持続的に確保できる
- 開かれた貿易・金融システムを促進すれば、事業活動上のコストやリスクを軽減できる

⑤共通言語の使用と目的の共有

- SDGsという共通の目標を通じて、他企業や政府、市民社会団体などと連携できる

まとめ

- ☐ SDGsは企業の事業活動、投資の力に期待している
- ☐ 企業がSDGsを利用するメリットはたくさんある

SDG Compassの【ステップ2】優先課題を決定する

自社で取り組む優先課題を3つのステップで絞り込む

SDGsには全17の目標がありますが、すべての企業にとって17の目標が等しく重要ではなく、その事業内容などによって、各目標に対しどれくらい貢献できるのかは変わってきます。

そこで**SDG Compassでは、バリューチェーン全般を通じて企業の事業活動がSDGsに及ぼすプラスとマイナスの影響を特定して、優先課題を絞り込むことを推奨しています。**

具体的には、以下の3段階で考えます。

①バリューチェーンをマッピングし、影響領域を特定する
②指標を選択し、データを収集する
③優先課題を決定する

まず、Part3で説明したバリューチェーン・マッピングで、自社がSDGsに対して及ぼす最大の社会的・環境的な影響を洗い出し、影響が大きい領域を把握したうえで、どの取り組みに自社のリソースを集中させるべきかを検討します。

そのうえで、事業活動がSDGsに与える影響の関係を最も適切に表すひとつ以上の指標を設定し、ロジックモデルなどを使って、収集すべきデータを決めて達成度を把握します。

将来的な影響を把握したら、SDGs全体に対する優先課題を決定します。その際に、現在および将来的な影響、その影響の主要ステークホルダーにとっての重要性、資源効率化による競争力強化の機会、マイナスの影響によるリスク、コストなどの可能性を検討して、最終的には**主観的に判断を下します。**

アパレル企業のバリューチェーン・マッピングの例

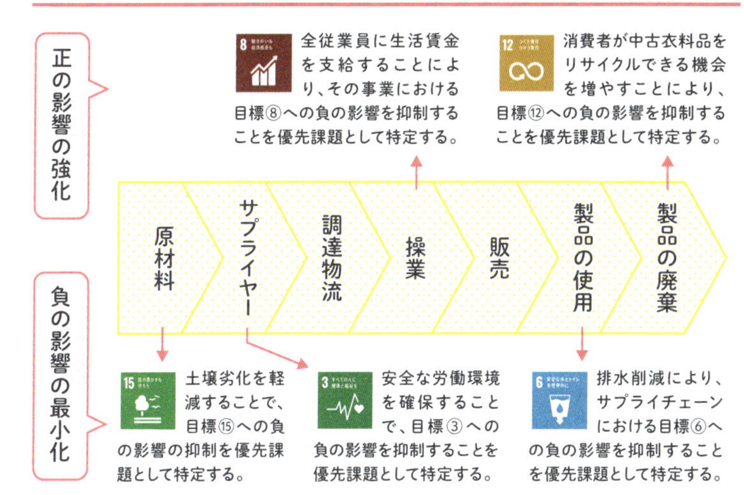

出所：GRI、UNGC「SDGsを企業報告に統合するための実践ガイド」を参考に作成

ロジックモデルで収集すべきデータを考える

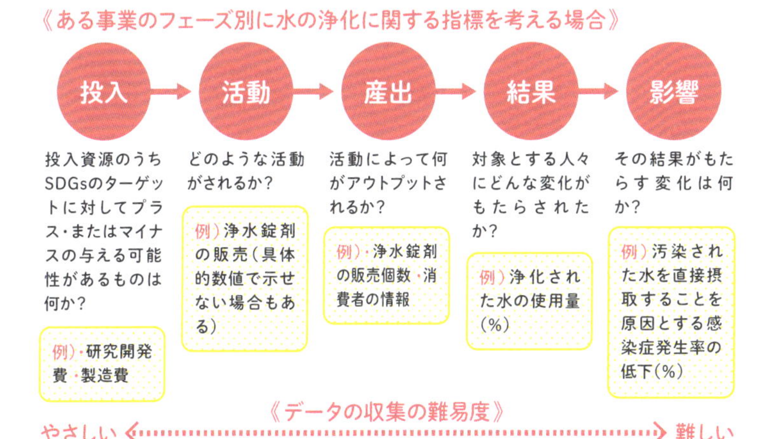

出所：GRI、UNGC「SDGsを企業報告に統合するための実践ガイド」を参考に作成

まとめ

- ☐ 自社のバリューチェーンからSDGsと関連する箇所を探る
- ☐ 自社の事業活動におけるプラス・マイナスの影響が見える

SDG Compassの【ステップ3】目標を設定する

アウトサイド・インで意欲的な目標を設定する

ステップ3では、4つのプロセスで目標設定することを推奨しています。**優先課題に貢献する目標は、マイナスの最小化だけでなく、プラスの結果を最大化することが重要です。**

①目標範囲を設定し、KPIを選択する

それぞれの優先課題に対する影響がわかりやすい計測可能なKPI（主要業績評価指標）をいくつか選択します。炭素排出量や資源使用量などの環境に関する目標だけでなく、社会的な目標設定も望まれています。企業間でデータの集約や比較、内外に情報を発信することを考慮すると、一般的に使われる指標が望ましいといえます。

②ベースラインを設定し、目標タイプを選択する

「女性役員数を2013年末（ベースライン）と比較して2020年末までに40%増加させる」といったように、ベースラインを設定します。それと同時に「絶対目標」か「相対目標」かの目標タイプも決めます。

③意欲度を設定する

アウトサイド・イン（P.112）のアプローチで、いかに意欲的な目標にするかは重要です。控え目な目標より、達成までの道筋がわからないような意欲的な目標のほうが、創造性やイノベーションを誘発して大きな成果を期待できるからです。

④ SDGsへのコミットメントを公表する

目標の一部または全部を公表することは、効果的な情報発信の手段です。これにより、従業員や取引先がやる気になる効果や外部のステークホルダーとの建設的な対話を行うベースになります。

日本企業の目標設定とコミットメント公表の例

トヨタ自動車（「Sustainability Data Book 2018」より一部抜粋）

交通死傷者低減

- 複数の予防安全機能をパッケージ化した「Toyota Safety Sense」を搭載して被害軽減

気候変動への対応

- 2030年に電動車の販売550万台以上（EV・FCVは100万台以上）を目指し、開発を加速

日立製作所（「日立SDGsレポート」より一部抜粋）

CO_2排出量削減
（2010年度比）

- 2030年度：50％削減
- 2050年度：80％削減

顧客やパートナーとの協創

- 人々のQuality of Lifeの向上と持続可能な社会の発展へ貢献するため、政府・公共機関・民間企業などとの協働により、課題を共有し、意見を交換し、社会に新たな価値の創出を目指す

日本郵政グループ（「日本郵政グループ中期経営計画2020」より一部抜粋）

女性管理者比率

【2020年度目標】
- 日本郵政：11％以上
- 日本郵便：10％以上
- ゆうちょ銀行：14％以上
- かんぽ生命保険：14％以上

公正な事業慣行

【2020年度目標】
- 部内犯罪件数ゼロ
- 反社会的勢力との関係遮断の継続

出所：各社資料

まとめ

- □ マイナスの最小化とプラスの最大化の両面から考える
- □ 意欲的な目標を設定して大きな成果を目指す

SDG Compassの【ステップ4】経営へ統合する

SDGsを組織に定着させて全社的な取り組みにする

目標設定を終えたら、目標達成に向けた取り組みを事業に組み込むことが重要になってきます。そのためには、**社長をはじめとする経営幹部による積極的なリーダーシップによる組織改革が必要になる**ため、SDGsを経営幹部の採用・報酬基準に組み込むなど、取締役会が果たす役割が重要であるという認識が強まっています。

SDGsを組織に定着させるには、次の2つの原則が特に重要です。

・事業として取り組む根拠を明確に伝え、SDGsが企業価値を創造するという共通理解を社内に醸成すること

・部門や個人の具体的な役割を反映した特別報償を設けるなど、全社的な達成度の審査や報酬体系に組み込むこと

SDGsの取り組みにおいて、CSR部門などの担当部門の役割も重要ですが、社内の全部門の理解と主体的に取り組む企業風土を醸成して全部門に当事者意識を植え付けることが重要です。

たとえば、サプライヤーに関する目標は、サプライチェーン管理を担当する部署には重要でも、人事部門にはそれほど重要ではないという部門ごとの重要度のばらつきが出るのは当然です。それでも、部門横断的な委員会を設立するなど、全社的に同じ目標を目指す当事者意識をもてるかはSDGsの取り組みの成否を左右します。

また、企業単独の力には限りがあります。これまでにない発想で社外とのパートナーシップにも積極的に取り組むことが重要です。共通目標の設定、それぞれのコア・コンピタンスを活用することで、目標に向けての取り組みを加速させることが望まれています。

組織に持続可能な目標を組み込む事例

2019年度企業経営課題

KPI:SDGsの目標12に貢献

- 製品中の有害化学物質を段階的に縮小し、2023年までに全廃
  - 2019年度までにすべての有害化学物質を洗い出し、可能なところから使用を停止し、代替物質を発掘

※有害化学物質とは、内外の専門家の意見により指定したもので、法律で禁止されていないものも含む。

各部門への権限委任項目

《部門管理課題》

研究開発部門

製品に使われていることが明らかになった、有害化学物質の代替物質を2019年度までに発掘

《部門管理課題》

サプライチェーン管理部門

仕入れた製品・部品に使われている有害化学物質をすべて洗い出し、可能なものに関しては2019年度までに禁止

担当者への権限委任項目

《個別のターゲット》

研究開発技術者

担当する製品・部品に使用されていることが明らかになった有害化学物質について、2019年度までに代替物質を発掘

《個別のターゲット》

部品仕入れ担当者

すべての仕入れ先について2019年度までに有害化学物質に関する仕入れ方針を徹底

出所:GRI、UNGC、wbcsd「SDG Compass」を参考に作成

まとめ

- □ マネジメント層の積極的な関与がなければ推進できない
- □ 企業単独で考えるのではなく、外部との連携も重要

SDG Compassの【ステップ5】報告とコミュニケーションを行う

内外への報告を有効に利用して取り組みを推進させる

SDGsの達成に向け、進捗を社内外に報告することは重要です。近年、企業のなかには統合報告書などだけでなく、自社サイト、SNS、製品・サービス表示などの多様な方法を使って、外部にSDGsに関する戦略や達成度を発信する傾向が強まっています。

効果的な情報発信を行えば、透明性を高めることになるため、さまざまなステークホルダーとの間に信頼感を醸成できるからです。また、ステークホルダーに対して報告することになれば、その目が外圧となり、社内では「よりよい報告をするために」という気持ちが強くなるはずです。それがイノベーションを促し、SDGsの取り組みの改善、SDGs達成に貢献する製品・サービスを生み出すことにもつながります。同時にESGへの配慮を周知することで投資を呼び込む効果も期待できます。

一方、内部に対して自社の戦略と進捗について周知することも重要です。従業員の意識を高めるだけでなく、経営陣および取締役会に対して報告することで、経営資源の配分やSDGs戦略を自社のビジネスモデルに統合するための大きな後押しになるからです。

内外への「報告」をコミュニケーション手段として使いこなすことで、SDGsに対する関心を高め、モチベーション向上と創造性の喚起ができれば、SDGsと経営の結びつきをさらに強固にできます。

効果的な報告には、「**簡潔(Concise)**」「**一貫性(Consistent)**」「**現在(Current)**」「**比較可能(Comparable)**」の「4つのC」を心がけて情報発信することが大切です。

効果的な報告を行うための「4つのC」

簡潔 Concise

優先的に取り組む最も重要な情報に焦点を当て、乱雑さと情報過多を避けて報告する。

一貫性 Consistent

時間を追ってパフォーマンスを評価できる報告にすることが重要。そうでなければ、報告されたデータから得られる本質的意味を理解できず、マネジメントに活用できなくなってしまう。

現在 Current

過去の出来事を示すのではなく、現在の事業や影響、ビジネス機会の可能性についての洞察を与えるようにしなければ意味がない。

比較可能 Comparable

同業者と比較してパフォーマンスを評価できるようにする。そうすることで、企業が影響を追跡・評価し、パフォーマンスを改善するための意思決定を行えるようにする。

出所：GRI、UNGC「SDGsを企業報告に統合するための実践ガイド」を元に作成

報告で扱うべき7つのチェックリスト

- □ 人もしくは環境に対する自社の製品、サービス、投資がもたらす著しい影響
- □ その影響を分析した結果が、優先的なSDGsターゲットの特定にどのような判断を与えたか？
- □ ステークホルダーとの関係性が、優先的なSDGsターゲットを決めるうえでどのように影響したか？
- □ 優先的なSDGsターゲットに貢献するための目標と指標を含む戦略はどのようなものか？
- □ 自社が実際に引き起こした、助長した負の影響の事例や、人権侵害を受けた人々の効果的な救済のために自社がとった行動
- □ 優先的なSDGsターゲットに貢献するという目標に向けて、いかに自社が進展したかと生じた後退を示す指標とデータ
- □ 将来さらに進展するための計画

出所：GRI、UNGC「SDGsを企業報告に統合するための実践ガイド」を元に作成

まとめ

- □ 外部へ情報発信することで、よりよい関係が構築できる
- □ 内部への報告は、経営とSDGsの結びつきを強化する

トップの積極的な関与がイノベーションを促すカギになる

いかに経営トップを巻き込めるかが重要になる

企業において、スピーディーに物事を進めるにはトップの関与が重要であることに異論はないでしょう。もし自分がトップであれば率先してSDGsに取り組むためのリーダーシップを発揮すべきですし、トップが興味を持っていなければ、部下がトップにその必要性を訴えていくことが重要です。

たとえ、**自社内に環境・社会課題を解決する優れた事業アイデアがあっても、経営者の同意なしでは推進力は得られず、事業化までいたりません。**経営者には「可能性のある新たなチャレンジかどうかを見極める眼力」「長期的な時間軸でビジネスを考える視野」「新事業を引っ張るリーダーシップ」が求められているといえます。

一般社団法人Japan Innovation Network（JIN）、経済産業省などが共同で設置する、大企業経営者をメンバーとした「イノベーション100委員会」では、「大企業からイノベーションは起こらない」という定説を覆すべく、イノベーションを促す手法として、会社本体と意思決定や評価制度を切り離し、物理的にも距離を置いた「出島」を立ち上げ、人材や資金を投入することでイノベーションを促す手法を提案しています。また、JINが策定したイノベーションを起こすための行動指針のなかで「効率性」と「創造性」を同時並行かつ異なるスタンスで追い求める「2階建て経営」の必要性などを指摘しています。

SDGsを経営統合するにあたって、取り組みをより進捗させるべく、**経営者も従来にとらわれない発想が必要**です。

イノベーションを起こすための経営陣の5つの行動指針

1. 変化を見定め、変革のビジョンを発信し、断行する
2. 効率性と創造性、2階建ての経営を実現する
3. 価値起点で事業を創る仕組みを構築する
4. 社員が存分に試行錯誤できる環境を整備する
5. 組織内外の壁を越えた協働を推進する

出所:イノベーション100委員会レポート

企業本体から離れた「出島」をつくってイノベーションを起こす

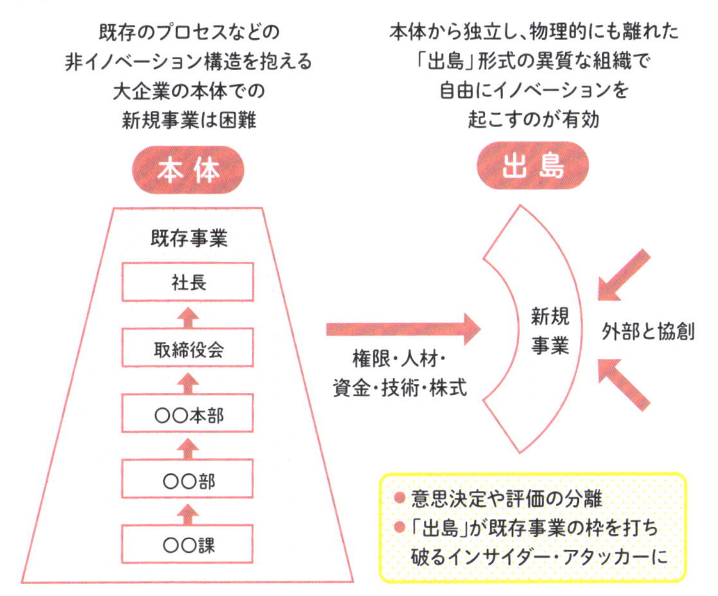

出所:日本経済団体連合会「Society5.0-ともに想像する未来-」を参考に作成

まとめ

- □ SDGsを進捗させるにはトップの関与が重要
- □ イノベーションを起こすための組織変革も必要になる

Part 5 企業は経営とSDGsをどうリンクさせるのか?

Column

ガーナ産カカオを使ったチョコと「児童労働」

日本でも「フェアトレード」という言葉を聞くようになりましたが、この言葉がなくならないかぎり「アンフェア」なトレードが世界のどこかに存在することを意味しています。

そのアンフェアなトレードの代表例が、児童労働によって収穫されたカカオを使ったチョコレートです。

日本でも「ガーナ」といえば、「チョコレート」を連想する人が多いかもしれません。しかし、チョコレートの原料であるカカオの収穫を、貧しい家族を支えるために就学年齢の子どもたちが収穫していると知ったら複雑な気分になるはずです。その子どもたちは毎日チョコレートの原料となるカカオ豆を収穫しているにもかかわらず、チョコレートの味を知らないことがほとんどです。

国際労働機関（ILO）によると、2016年の児童労働者数（5歳～17歳）は、約1億5,200万人（世界の子どもの10人に1人）と推計しています。そのうちの約半数はアフリカ地域で、ガーナのカカオ豆の農園は代表的な児童労働の現場です。

「子どもが働くこと」＝「児童労働」ではありません。幼い子どもが労働を強制されていたり、心身の発達や社会性・教育面での発達を阻害する危険な労働を強いられるのが「児童労働」です。

依然、日本の人口を上回る子どもが児童労働に従事している現実を、私たち日本人が変えることはできません。しかし、日本で食べられているチョコレートの原料が、子どもによって収穫されているかもしれないと想像をめぐらし、たとえば、フェアトレード認証がついた商品を買うなど、自分の行動に反映させていくことが大切なのではないでしょうか。

THE BEGINNER'S GUIDE TO SUSTAINABLE DEVELOPMENT GOALS

Part 6

自分の会社が、どうSDGsに
取り組むべきかが見えてくる！

ビジネスとSDGsを両立させる企業の取り組みから学ぶ

事例① 日本フードエコロジーセンター 循環型社会の仕組みを構築

廃棄物処理と飼料製造のハイブリッドモデルで注目

日本フードエコロジーセンターは、「食品ロスに新たな価値を」という理念のもと、関東近郊180以上の事業所から食品残渣（ざんさ）（飲食店、スーパーなどから出る食べ残し、売れ残り、消費期限切れの食品など）から養豚用のリキッド・エコフィード（食品残渣を利用して製造された液体飼料）を製造、関東地方にある中小の畜産農家に飼料として届けています。エコフィードの価格は通常の乾燥飼料の半分程度のため、輸入飼料に頼ってきた畜産農家の経営体質強化に貢献するだけでなく、日本の飼料自給率の向上にもつながっています。

また、契約養豚事業者や食品関連事業者とのパートナーシップでエコフィードで育った豚肉のブランド化や販路の確保に取り組み、百貨店やスーパーで「優（ゆう）とん」や「旨香豚（うまかぶた）」といった名前のブランド豚として販売。循環型のビジネスモデルを構築しています。

日本の食品由来の廃棄物は2,759万トン（2016年度推計）で、自治体がその処理のために廃棄物1トンを燃やすのには、約4万円のコストがかかっています。他方、世界では9人に1人が飢餓に苦しんでいるにもかかわらず、先進国などでは人間の食料になるトウモロコシなどを家畜のエサにし、そのエサを消費した家畜の食肉を食品ロスにしているという側面もあります。食品リサイクルは、世界の食糧不足の解消にもつながっているといえます。

同社の「食品ロス」に新しい価値を見出す取り組みは、政府が主催する「第2回ジャパンSDGsアワード」でSDGs推進本部長（内閣総理大臣）賞を受賞しています。

日本フードエコロジーセンターのSDGsの貢献とビジネスメリット

《日本フードエコロジーセンターが貢献できる目標》

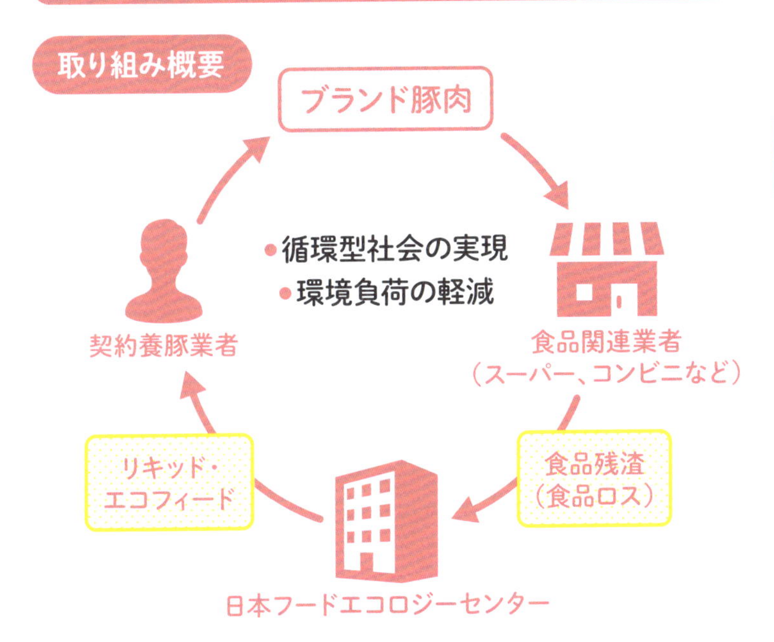

SDGsに取り組んだことによるビジネス面のメリット

- ☐ 食品関連業者と養豚業者の双方から収益を得る新しいモデルを構築
- ☐ 社会貢献する実感が従業員のモチベーション向上に
- ☐ 多くの企業との連携が新ビジネスを創出する好循環を生む

まとめ

- ☐ 社会貢献度が高い取り組みは中小企業でもできる
- ☐ SDGsに事業を結び付けることで新しい価値が創造できる

事例② UCC上島珈琲×JICA 森林保護と地域住民の収入増を実現

ODAとのタッグで社会貢献度を高める

コーヒー豆アラビカ種の原産地エチオピアでは、現金収入を得るための農地開拓や木材、薪の採取のために森林が伐採され、国土の約35%を占めた森林が約3分の2も減少しました。JICA（国際協力機構）は、エチオピア南西部ベレテ・ゲラにある森林を伐採せずに地域住民の経済力向上を図るためのODA（政府開発援助）プロジェクトを実施。その柱のひとつが、森林に自生するコーヒーに付加価値を付け、地域住民の経済力向上に役立てるプロジェクトです。

住民は以前からコーヒー豆を採取して販売していたものの、仲買人への販売では得られる収入はわずかでした。森林を守りながらコーヒー豆販売の収入をアップさせる仕組みをつくるのと同時に、森林内の農地拡大を防止するため、農民を対象に農業技術の改良と作物の多様化、既存農地内での生産性向上に取り組みました。

UCC上島珈琲（以下、UCC）は、2014年から地域住民への技術指導に携わり、生産管理や物流に関するアドバイスのほか、国際的な環境NGOの認証プログラム「レインフォレスト・アライアンス認証」を導入し、無農薬・無化学肥料の天然コーヒーの高付加価値化につなげました。これをUCCが買い取ることで地域住民の収入はアップ。森林に自生するコーヒーを高く売るために、住民は持続的な森林保全を行う重要性を認識し、自律的な森林保全が行われつつあります。UCCは日本でベレテ・ゲラ産の認証コーヒーを安全性と希少性の高いプレミアムコーヒーとして国内の直営喫茶店の一部などで販売しています。

UCC×JICAのSDGsの貢献とビジネスメリット

《UCC×JICAが貢献できる目標》

取り組み概要

- おいしいコーヒーにするための農業技術指導
- 生産管理方法や物流体制のレベルアップ
- レインフォレスト・アライアンス認証の取得による高付加価値化
- フェアトレードによるコーヒー豆の購入
- 住民の森林保護意識の向上と収入アップ

SDGsに取り組んだことによるビジネス面のメリット

- □ 安心・安全なコーヒー品種の保護ができる
- □ 希少な天然のコーヒーをプレミアムコーヒーとして商品化
- □ 社会貢献、環境保護に積極的なイメージをつくれる
- □ JICAとの連携により単独活動よりも大きな効果を創出

まとめ

- □ 連携することで一企業ができない取り組みが可能になる
- □ 善意や使命だけでなく、事業に結び付けることが大事

事例③ 会宝(かいほう)産業 知名度アップで採用活動にメリット

ますます重要性が増す「静脈産業」を海外に輸出

産業を人体の血管にたとえ、モノを製造する産業のことを「動脈産業」、ゴミ・産業廃棄物などの回収と再利用をはかる産業を「静脈産業」といいます。

石川県金沢市の会宝産業は、国内のみならず、世界約90カ国とネットワークを持つ使用済み自動車の解体や中古車・部品の販売を手がける中小企業で、静脈産業の隠れた世界企業として知られています。

もともとは自動車解体業者でしたが、クウェートの中古部品買い取り業者との出会いをきっかけに、中古部品の海外輸出にいち早く目をつけ、差別化戦略の一環として有望市場である途上国に事業展開を始めました。そして、2015年にSDGsが採択されると、同社は事業内容をSDGsにリンクさせることで、より大きな注目を集めることになりました。

現在、同社は自動車部品のリサイクルを進める事業を世界各国で展開し、世界の環境保全、現地雇用の創出に貢献しています。さらには、経済産業省、環境省、国際協力機構（JICA）、日本貿易振興機構（JETRO）、海外の現地政府・大学機関などと協力しながら、静脈産業がまだ未成熟な国々に日本の環境配慮型の自動車リサイクル事業を広げ、SDGsに貢献しながら業容を拡大しています。

同社のSDGsへの取り組みが注目を浴びたことは、企業の知名度向上・イメージアップにつながり、それが環境や人権への意識が高い若い世代に共感され、採用活動にも好影響を与えたといいます。

会宝産業のSDGsの貢献とビジネスメリット

《会宝産業が貢献できる目標》

取り組み事例

- 自動車リサイクルを通して、「持続可能な消費と生産」「すべての人々に働きがいのある人間らしい雇用」を促進するため、各国政府や現地企業家とのパートナーシップを形成し、資源循環型社会構築を目的に活動

- ブラジル、インド、マレーシア、ケニアにおいて、自動車リサイクル政策の立案サポート、現地リサイクル工場設立による環境に配慮した自動車リサイクルのバリューチェーン構築と現地雇用の創出に取り組む

- 使用済み自動車の処理が適切に行われないことによる土壌汚染、廃プラスチック、タイヤなどの投棄・野焼きによる環境汚染の防止に貢献

SDGsに取り組んだことによるビジネス面のメリット

- ☑ 企業イメージ、知名度が大きく向上した
- ☑ 知名度向上により優秀な人材を集めやすくなった
- ☑ 途上国で環境配慮型の自動車リサイクル事業を展開し業容拡大

まとめ

- ☐ 海外には社会貢献できるビジネスチャンスがたくさんある
- ☐ SDGsの取り組みは採用活動を有利にする

事例④ 大川印刷 SDGsで従業員の士気高揚を実現

SDGsを推進すれば、社員が元気に、会社も元気に

神奈川県横浜市にある大川印刷は、「環境印刷」をキーワードに「Social Printing Company（社会的印刷会社）」を標榜し、積極的にSDGsに取り組むことで知られる中小企業です。

同社は全社員へのSDGs教育を実施したのち、従業員主体で課題を解決するプロジェクトチームを立ち上げてSDGsを推進。トップダウン型ではなく、従業員からのボトムアップ型でSDGs経営戦略を策定したのが特徴です。「本業での社会的課題の解決こそが使命」として、事業活動を行っています。

「ゼロカーボンプリント（印刷事業により排出されるCO_2などの温室効果ガスを算定し、その全量を森林育成などで相殺するカーボン・オフセットを行う）」を展開する国内唯一の印刷会社で、FSC森林認証紙を積極的に使うことで違法伐採防止に貢献するほか、2017年には工場の使用電力を自然エネルギー100%に切り替える「再生可能エネルギー100%印刷プロジェクト」をスタートしています。

また、障害者支援活動、RE100（使用電力の100%を再生可能エネルギーで賄うことを目指す企業が加盟する国際的イニシアチブ）へ参加するほか、SNSやホームページでSDGsへの取り組みを積極的に発信するなど、SDGsの普及にも注力しています。

同社は、SDGsに取り組む最大のメリットは、「従業員が元気になること」だったといいます。従業員が本業とSDGsを自分ごととして考える風土をつくったことで、一過性では終わらない持続的な取り組みとして社内に浸透させています。

大川印刷のSDGsの貢献とビジネスメリット

《大川印刷が貢献できる目標》

取り組み事例

環境
- CO_2ゼロ印刷
- 石油を使わないノンVOCインキ使用
- FSC森林認証紙を使用

など

人権
- 社外通報制度
- メディアユニバーサルデザイン教育
- 障害者との協働作業体験

労働慣行
- 高齢者の雇用
- 社内セミナーの継続実施

など

公正な事業環境
- 横浜型地域貢献企業認定
- 全印工連CSR認定

消費者課題
- 社内外通報窓口の設置
- 環境ラベル表示の徹底

など

コミュニティへの参画・発展
- インターンシップ生の受け入れ
- 横浜市地球温暖化対策推進協議会
- WE21ジャパン　など

出所：環境省「すべての企業が持続的に発展するために－SDGs活用ガイド－」より作成

SDGsに取り組んだことによるビジネス面のメリット

- □ 主体的に価値を生む風土を醸成。従業員のモチベーションが向上
- □ インターンシップ受け入れで注目度があがり新卒採用にプラス効果
- □ SDGsに則った印刷物への注目が高まり、新規受注増＆売上アップ
- □ 同業他社との差別化により納期短縮・低価格化競争に巻き込まれづらい

まとめ
- □ SDGsに取り組むことが競合との差別化戦略になっている
- □ 社員が自分ごととして考えることで多方面に好影響

事例⑤ 滋賀銀行
融資で地域創生と環境保護に貢献

SDGsに取り組み企業への融資で未来をつくる

滋賀銀行は、2017年11月に「しがぎんSDGs宣言」を表明。地方銀行として初めてSDGsに貢献する新規事業に対する金利を優遇した融資商品の取り扱い、社会的課題解決を基点とするビジネスモデルを後押ししています。

同行は水質浄化技術を活用したトラフグやヒラメの陸上養殖を新規事業として立ち上げるアクアステージ社に融資しただけでなく、将来性や地域活性化を評価し、他地域金融機関などと設立した6次産業化ファンドを通じても出資。これにより、地域創生と環境保護の同時実現に貢献しています。

このほかにも滋賀県湖南市と地元企業の官民協力で設立された地域新電力会社「こなんウルトラパワー」に共同出資するなど、地域活性化に寄与するさまざまな案件に積極的に関与しています。

また、2019年7月には、以前から開催していた「エコビジネスマッチングフェア」を「しがぎんSDGsビジネス・マッチングフェア」に改称して開催。社会的課題解決型ビジネスを展開する企業を側面支援する取り組みも行っています。

地方が衰退するなかで、地方銀行は融資先の獲得が厳しくなっていますが、SDGsへの貢献度が高いと考えられる新しいビジネスに投融資を行って、その事業が育てば、のちのち融資額も増えるはずです。滋賀銀行の取り組みは、地域金融機関の役割の重要性を示しただけでなく、地方銀行がどのように生き残っていくかのひとつの方向性も示した好例といえるでしょう。

滋賀銀行のSDGsの貢献とビジネスメリット

《滋賀銀行が貢献できる目標》

取り組み概要

アクアステージ社

- □水質浄化技術を使った陸上養殖で収益源を獲得
- □水使用量の抑制で、コストを3分の1に削減
- □陸上養殖のニーズ拡大で売上増加の期待大

地域活性化による効果

経済・社会への効果

- □琵琶湖の水を活用した新産業や地域特産品(淡海トラフグ)を創出

環境配慮による効果

環境への効果

- □水質浄化技術により排水が不要。周辺環境への負荷を軽減
- □陸上養殖という安定的な食糧供給を実現。食糧危機対策に貢献
- □水使用量を抑制で渇水時の水不足の際に貢献

融資

SDGsの達成に貢献

SDGsの達成に貢献

滋賀銀行

出所:環境省「事例から学ぶESG地域金融のあり方」より作成

SDGsに取り組んだことによるビジネス面のメリット

- 排水で周辺環境を悪化させることによる取引先の事業停止リスクを回避
- 水使用量抑制で水道料金の削減効果や水不足耐性の強化で取引先の価値向上
- 食糧危機や海洋汚染問題から陸上養殖へのニーズが拡大すれば取引先の売上増加

まとめ

- □SDGsに貢献する企業への投資で新産業育成を支援
- □新産業育成で融資額の増加につなげている

事例⑥ IKEUCHI ORGANIC SDGsで商品を高付加価値化

「長持ち」にこだわり、自社も「長持ち」な会社に

IKEUCHI ORGANIC（イケウチ・オーガニック）は、今治タオルで有名な愛媛県今治市に本社を置く社員30人ほどの小さなタオルメーカーです。同社の理念は「最大限の安全と最小限の環境負荷」。生産から販売、経営や組織のあり方まで、あらゆる領域で持続可能性を追求しており、タオルの原料となるコットンはオーガニック100％、染色工場には世界最高水準の排水浄化施設を導入、工場・直営店の消費電力は100％風力発電で賄うなど、徹底した環境配慮の姿勢が注目されています。また、原料のオーガニックコットンの買い付けは、インドとタンザニアの長い付き合いがある契約農家からのフェアトレードにこだわっています。

しかし、同社はオーガニックや環境へのこだわりを強く打ち出していません。たとえ、エシカルな製品でも品質が悪ければ、買ってもらえないと考えているからです。

それでもここまで環境への配慮に力を入れるのは、2003年に大口取引先の倒産をきっかけに民事再生法の適用を申請したことがきっかけです。生き残りのために「環境配慮」を軸に据えたのです。

タオルは「長持ち」にこだわっています。顧客から使い古しのタオルを預かり、風合いや性能を元に戻して返却するメンテナンスサービスを行うのも、「長持ち」にこだわるがゆえです。こうした姿勢が消費者の共感を呼び、売上高も増えています。日本でもESG投資が本格化するなかで、機関投資家から投資を受けるなど、同社のSDGsにつながる取り組みは、経営に好循環を生んでいます。

IKEUCHI ORGANICのSDGsの貢献とビジネスメリット

《IKEUCHI ORGANICが貢献できる目標》

取り組み概要

オーガニックコットン

製品に用いるオーガニックコットンは、GOTS認証をクリアしたものだけを使用。貧困状態にある農村の人々の自立を助けるプロジェクトの一環で、インドとタンザニアで栽培されたコットンを使用する。

風で織るタオル

気候変動問題の解決に貢献するため、工場やオフィスの電力をすべて風力発電で賄う。「グリーン電力証書システム」の利用によって、2002年には日本初の風力発電100%の工場となった。

ローインパクト・ダイ

染色は人体に安全で重金属を含まない反応染料を使用。洗浄には地下水を使用し、廃水は浄化施設で処理して排水基準を遵守するなど、環境負荷の低減に努めている。

SDGsに取り組んだことによるビジネス面のメリット

- 企業理念に共感してくれる消費者が増えた
- ESG投資家から投資を呼び込めた
- 売上高が増え、事業再生を実現できた

まとめ

- 「環境配慮」は会社を再生させる原動力になる
- 一貫したこだわりは、消費者や投資家のファンをつくる

事例⑦ 虎屋本舗×地域 事業メリットと地域活性化を同時実現

地域貢献がめぐりめぐって自社に好影響を与える

虎屋本舗は、広島県と岡山県で計 12 店の直営店を展開する、どら焼きが人気の約 400 年の歴史を誇る老舗和菓子・洋菓子店です。同社は地元イベントへの協賛やインターンシップの受け入れ、地域清掃など、さまざまな社会貢献活動に積極的です。なかでも注目されているのは、若手と熟練の菓子職人を瀬戸内の離島の学校や山間部の障害者支援学級、高齢者福祉施設などに派遣して、地域の子どもや高齢者に教える「和菓子教室」と、高齢の同社技術者や地元生産者が、地域の子どもたちへワークショップや商品開発といった価値創造の場を提供する「瀬戸内和菓子キャラバン」の取り組みです。

和菓子教室を通じて子どもたちに郷土文化や伝統技能を伝え、「瀬戸内和菓子キャラバン」では、地元の高校で「地域活性化・地域貢献」をテーマにした授業を行い、そこで地元の名産品を使った新しい商品を開発。発売までにこぎつけています。

こうした取り組みを SDGs と関連づけて発信することで地域の共感を呼び、注目されるようになりました。地域の特産品を使った商品は、地域との CSV、地域ブランディングにつながり、虎屋本舗の企業ブランディングの向上や新商品開発の活性化という事業メリットももたらしました。

この事例は、中小企業でも時代の変化に合わせてチャレンジすることで、地域に大きなうねりを生み、地域の持続可能性に貢献できることを示しています。その貢献によって社会に必要な存在とされることは、企業価値や持続可能性の向上にもつながるのです。

虎屋本舗×地域のSDGsの貢献とビジネスメリット

出所：虎屋本舗資料より作成

SDGsに取り組んだことによるビジネス面のメリット

- 高齢者、地元の子ども、生産者との協働で新商品が生まれた
- 取り組みが大きく取り上げられ、大きな宣伝効果になった
- 地域から必要な存在とされることで企業価値の向上につながった

まとめ

- □ 高齢者や女性、子どもを巻き込んだ多様性は「力」になる
- □ 中小企業でも取り組み次第で地域を変えることができる

事例⑧ イオン 取引行動規範でサプライチェーン強化

大企業の影響力を使って、SDGs の取り組みを広げる

日本の小売り最大手イオンは、製造過程でも社会的責任を果たすべきとの考えから、サプライヤーに対して「イオンサプライヤー取引行動規範（以下、行動規範）」を示しています。2019年3月には、サプライチェーンに属する各企業・組織が、それぞれに関わりのある企業・組織にも対応を要請することを強調した内容に改定しました。そうすることで、より安全・安心な製品の提供や、ステークホルダーの信頼と安心につながるからです。世界中で事業を展開する同社は、日本語、英語、中国語をはじめとする14言語に翻訳して、世界中のサプライヤーに行動規範の周知を徹底しています。

大企業がサプライヤーに対して取引行動規範を示す場合、サプライヤーは、外部監査などで基準に達していないと判断されると取引が打ち切られることが一般的です。しかし、イオンはサプライヤーの工場などで問題が見つかっても、すぐに取引を打ち切らず、課題を共有して一緒に改善・解決を目指していきます。サプライヤーを外部の取引業者と考えるのではなく、サプライチェーンでつながる自社の一部として考えているからです。

もともとは消費者の安全・安心を守るために始まったサプライチェーンに対する取り組みは、イオンにとって未然にリスクを回避することにもつながるうえ、さまざまな面の持続可能性の向上にも役立っています。大企業が良い影響を及ぼせば、サプライチェーンはよりよくなり、SDGsに貢献する力を大きくできます。こうした動きは投資家にも評価され、ESG投資の呼び水になっています。

イオンのSDGsの貢献とビジネスメリット

《イオンが貢献できる目標》

取り組み概要

《イオンサプライヤー取引行動規範の13項目》

① 法と規則
② 児童労働
③ 強制労働
④ 労働時間
⑤ 賃金および福利厚生
⑥ 虐待およびハラスメント
⑦ 差別
⑧ 結社の自由および団体交渉の権利
⑨ 安全衛生
⑩ 環境
⑪ 商取引
⑫ 誠実性および透明性
⑬ エンゲージメント

SDGsに取り組んだことによるビジネス面のメリット

- サプライヤーとの信頼関係の強化がサプライチェーンの強化につながった
- 安心・安全を守る取り組みが消費者から支持され、イメージがアップした
- 機関投資家から取り組みが評価され、ESG投資を呼び込めた

まとめ
- □ サプライヤーとの協働の重要性が増している
- □ 影響力が大きい大企業の力は今後ますます必要とされる

Column

タイの前国王が提唱した「足るを知る経済」

タイの故プミポン･アドゥンヤデート国王（以下、プミポン国王）は、タイ国民から深く敬愛されていたことで知られています。

1997年、タイはタイ・バーツ暴落に端を発するアジア通貨危機に見舞われました。それまで好調だった同国の経済が急減速して、同国の経済は苦境に陥ります。その年の国王誕生日の際に、国民に対しての説話で、プミポン国王はタイの全国民が自身の収入に見合った、食べ物に困らない生活を送ること目指す「足るを知る経済」を提唱しました。次々に起こる経済、環境、社会のさまざまな試練に対処するには「節度」が必要という考え方です。仏教の教えに倣ったこの考えは、それまで好調だったタイ経済のなかで、「国民はあまりに野心的で強欲」と感じていた国王が、過度に富を追求する国民を諌めた言葉でした。

前国王は、在位中に長きにわたって農民を支援してきました。1998年にはプミポン国王によって開始された開発事業は2,000件を超え、ときには自身の資金を投じることもありました。そのほとんどはタイの貧しい農民の生活水準を引き上げることを目的としたもので、物質的な満足よりも、環境に優しく、持続的な社会をつくることが最終目標でした。

ところが皮肉なことに、プミポン国王が2016年に死去後、タイの経済格差は拡大し、クレディ・スイスの2018年の推計によると、タイの資産家上位1%が国内総資産の67%を握る世界トップクラスの超格差社会になっています。タイ人のみならず、プミポン国王が残した「足るを知る経済」理論は、SDGsの達成を目指す私たちも心にとどめるべき言葉ではないでしょうか。

付録

SDGsの17の目標

ターゲットと課題、目標達成すべき理由

※主なターゲットについては、外務省の仮訳に準じています。

目標1

あらゆる場所のあるゆる形態の貧困を終わらせる

主なターゲット

1.1　2030年までに、現在1日1.25ドル未満で生活する人々と定義されている極度の貧困をあらゆる場所で終わらせる。

1.2　2030年までに、各国定義によるあらゆる次元の貧困状態にある、すべての年齢の男性、女性、子どもの割合を半減させる。

1.3　各国において最低限の基準を含む適切な社会保護制度及び対策を実施し、2030年までに貧困層及び脆弱層に対し十分な保護を達成する。

1.4　2030年までに、貧困層及び脆弱層をはじめ、すべての男性及び女性が、基礎的サービスへのアクセス、土地及びその他の形態の財産に対する所有権と管理権限、相続財産、天然資源、適切な新技術、マイクロファイナンスを含む金融サービスに加え、経済的資源についても平等な権利を持つことができるように確保する。

現実の課題

- 1日1ドル90セントという国際貧困ライン未満で暮らす人々は7億8,300万人に上る。
- 全世界の25歳～34歳で極度の貧困の中で暮らす人々は、男性100人当たり女性122人。
- 2016年時点で全世界の労働者のほぼ10%は1日1人1ドル90セント未満の所得で家族と暮らす。
- 全世界で5歳未満の子どもの4人に1人が、年齢に見合う身長に達していない。
- 極度の貧困の中で暮らす人々のほとんどが南アジアとサハラ以南アフリカに集中している。

《なぜ目標達成を目指すべきか》

約7億人は1日1ドル90セント未満の極度の貧困状態で暮らしている。不平等が広がれば、経済成長に悪影響が及ぶほか、社会的一体性が損なわれ、政治や社会の緊張が高まって、情勢不安や紛争の原因にもなりかねない。

目標2

飢餓を終わらせ、食料安全保障及び栄養改善を実現し、持続可能な農業を促進する

主なターゲット

2.1 2030年までに、飢餓を撲滅し、すべての人々、特に貧困層及び幼児を含む脆弱な立場にある人々が一年中安全かつ栄養のある食料を十分得られるようにする。

2.2 5歳未満の子どもの発育阻害や消耗性疾患について国際的に合意されたターゲットを2025年までに達成するなど、2030年までにあらゆる形態の栄養不良を解消し、若年女子、妊婦・授乳婦及び高齢者の栄養ニーズへの対処を行う。

2.3 2030年までに、土地、その他の生産資源や、投入財、知識、金融サービス、市場及び高付加価値化や非農業雇用の機会への確実かつ平等なアクセスの確保などを通じて、女性、先住民、家族農家、牧畜民及び漁業者をはじめとする小規模食料生産者の農業生産性及び所得を倍増させる。

現実の課題

- 世界人口の9人に1人（8億1,500万人）が栄養不良に陥っており、開発途上国では、栄養不良率が人口の12.9%に達している。
- 最も飢餓が広がっている南アジアでは、約2億8,100万人が栄養不良に。サハラ以南アフリカでは、2014-2016年の期間予測値で、栄養不良率がおよそ23%に上る。
- 開発途上国では、就学年齢の子ども6,600万人が空腹のまま学校に通っている。アフリカだけでも、その数は2,300万人に上る。

《なぜ目標達成を目指すべきか》

誰もが家族のために食料を十分に確保したいと思っている。飢餓で人間開発に支障が出れば、SDGsも達成できなくなってしまうが、飢餓をゼロにすれば、経済や健康、教育、平等、そして社会開発に好影響を与えることができる。

目標3

あらゆる年齢のすべての人々の健康的な生活を確保し、福祉を促進する

主なターゲット

3.1 2030年までに、世界の妊産婦の死亡率を出生10万人当たり70人未満に削減する。

3.2 すべての国が新生児死亡率を少なくとも出生1,000件中12件以下まで減らし、5歳以下死亡率を少なくとも出生1,000件中25件以下まで減らすことを目指し、2030年までに、新生児及び5歳未満児の予防可能な死亡を根絶する。

3.3 2030年までに、エイズ、結核、マラリア及び顧みられない熱帯病といった伝染病を根絶するとともに肝炎、水系感染症及びその他の感染症に対処する。

3.5 薬物乱用やアルコールの有害な摂取を含む、物質乱用の防止・治療を強化する。

3.7 2030年までに、家族計画、情報・教育及び性と生殖に関する健康の国家戦略・計画への組み入れを含む、性と生殖に関する保健サービスをすべての人々が利用できるようにする。

現実の課題

- 1990年以来、1日当たりの子どもの死者は1万7,000人減少したが、毎年500万人超の子どもが、5歳の誕生日を前に命を落としている。
- 開発途上地域では、推奨される医療を受けられる女性は全体の半分にすぎない。
- 2017年時点で、全世界のHIV感染者は3,690万人に上り、2017年には、新たに180万人がHIVに感染した。
- エイズの蔓延が始まって以来、エイズ関連の疾病で 3,540 万人が死亡した。

《なぜ目標達成を目指すべきか》

健康と福祉を得られることは、ひとつの人権であり、人が健康であることは、健全な経済を支える基盤になる。すべての人に健康な生活を確保するためには、多額の費用が必要になるが、それによって得られる恩恵は費用を凌駕する。

目標4

すべての人々への、包摂的かつ公正な質の高い教育を提供し、生涯学習の機会を促進する

主なターゲット

4.1 2030年までに、すべての子どもが男女の区別なく、適切かつ効果的な学習成果をもたらす、無償かつ公正で質の高い初等教育及び中等教育を修了できるようにする。

4.2 2030年までに、すべての子どもが男女の区別なく、質の高い乳幼児の発達支援、ケア及び就学前教育にアクセスすることにより、初等教育を受ける準備が整うようにする。

4.3 2030年までに、すべての人々が男女の区別なく、手頃な価格で質の高い技術教育、職業教育及び大学を含む高等教育への平等なアクセスを得られるようにする。

4.5 2030年までに、教育におけるジェンダー格差を無くし、障害者、先住民及び脆弱な立場にある子どもなど、脆弱層があらゆるレベルの教育や職業訓練に平等にアクセスできるようにする。

現実の課題

- 開発途上国の初等教育就学率は91%に達したが、依然5,700万人の子どもが学校に通えていない。
- 学校に通えていない子どもの半数以上は、サハラ以南アフリカで暮らしている。
- 小学校就学年齢で学校に通っていない子どものおよそ 50%は、紛争地域に住んでいるものとみられる。
- 全世界で6億1,700万人の若者が、基本的な算術と読み書きの能力を欠いている。

《なぜ目標達成を目指すべきか》

質の高い教育は、人に健康で持続可能な生活を送る能力を与え、貧困の連鎖を断ち切る力を与えるだけでなく、不平等の是正、ジェンダー平等の達成に貢献する。教育はSDGsの達成においてカギを握っている重要な要素といえる。

目標5

ジェンダー平等を達成し、すべての女性及び女児の能力強化を行う

主なターゲット

5.1 あらゆる場所におけるすべての女性及び女児に対するあらゆる形態の差別を撤廃する。

5.2 人身売買や性的、その他の種類の搾取など、すべての女性及び女児に対する、公共・私的空間におけるあらゆる形態の暴力を排除する。

5.3 未成年者の結婚、早期結婚、強制結婚及び女性器切除など、あらゆる有害な慣行を撤廃する。

5.4 公共のサービス、インフラ及び社会保障政策の提供、ならびに各国の状況に応じた世帯・家族内における責任分担を通じて、無報酬の育児・介護や家事労働を認識・評価する。

5.5 政治、経済、公共分野でのあらゆるレベルの意思決定において、完全かつ効果的な女性の参画及び平等なリーダーシップの機会を確保する。

現実の課題

- 全世界で7億5,000万人の女性と女児が18歳未満で結婚し、30カ国で少なくとも2億人の女性がFGM（女性器切除）を受けている。
- 18カ国では、妻が働くことを夫が合法的に禁止でき、39カ国では、娘と息子の相続権が平等でない。女性を家庭内暴力から守る法律がない国も49カ国ある。
- 女性の政界進出は進んだが、女性国会議員の割合は23.7%と、男女同数にはほど遠い。

《なぜ目標達成を目指すべきか》

女児向けの教育に投資し、結婚年齢を引き上げれば、投資1ドル当たり5ドルが戻り、女性向け所得創出活動の改善に投資すれば、1ドル当たり7ドルが戻るという試算がある。ジェンダー平等の推進は、貧困削減、子どもの健康、福祉など、健全な社会のあらゆる側面に不可欠。

目標6

すべての人々の水と衛生の利用可能性と持続可能な管理を確保する

主なターゲット

6.1 2030年までに、すべての人々の、安全で安価な飲料水の普遍的かつ平等なアクセスを達成する。

6.2 2030年までに、すべての人々の、適切かつ平等な下水施設・衛生施設へのアクセスを達成し、野外での排泄をなくす。女性及び女子、ならびに脆弱な立場にある人々のニーズに特に注意を向ける。

6.3 2030年までに、汚染の減少、投棄廃絶と有害な化学物質や物質の放出の最小化、未処理の排水の割合半減及び再生利用と安全な再利用の世界的規模での大幅な増加により、水質を改善する。

6.5 2030年までに、国境を越えた適切な協力を含む、あらゆるレベルでの統合水資源管理を実施する。

6.6 2020年までに、山地、森林、湿地、河川、帯水層、湖沼などの水に関連する生態系の保護・回復を行う。

現実の課題

- 世界人口の10人に3人は、安全に管理された飲料水サービスを利用できず、10人に6人は、安全に管理された衛生施設を利用できない。
- 8億9,200万人以上が、今でも屋外排泄を続けている。
- 40億人が、トイレや公衆便所など、基本的な衛生サービスを利用できていない。
- 毎日、1,000人近い子どもが予防可能な水と衛生関連の下痢症で命を落としている。

《なぜ目標達成を目指すべきか》

水資源を持続可能なかたちで管理すれば、食料やエネルギーの生産管理を改善し、ディーセント・ワーク（働きがいのある人間らしい仕事）や経済成長にも貢献できるようになる。さらに、水の生態系とその多様性を保全できれば、気候変動への対策を講じられるようにもなる。

目標7

すべての人々の、安価かつ信頼できる持続可能な近代的エネルギーへのアクセスを確保する

主なターゲット

7.1 2030年までに、安価かつ信頼できる現代的エネルギーサービスへの普遍的アクセスを確保する。

7.2 2030年までに、世界のエネルギーミックスにおける再生可能エネルギーの割合を大幅に拡大させる。

7.3 2030年までに、世界全体のエネルギー効率の改善率を倍増させる。

7.a 2030年までに、再生可能エネルギー、エネルギー効率及び先進的かつ環境負荷の低い化石燃料技術などのクリーンエネルギーの研究及び技術へのアクセスを促進するための国際協力を強化し、エネルギー関連インフラとクリーンエネルギー技術への投資を促進する。

現実の課題

- 世界人口の13%は、依然として現代的電力を利用できていない。
- 30億人が薪、石炭、木炭、または動物の排せつ物を調理や暖房に用いている。
- エネルギーは気候変動を助長する最大の要素であり、全世界の温室効果ガス排出量の約60%を占めている。
- 世帯エネルギーとしての可燃燃料使用による屋内空気汚染で、2012年には430万人が命を失った。その10人に6人は女性と女児だった。

《なぜ目標達成を目指すべきか》

エネルギー・システムを確立すれば、ビジネス、医療、教育から農業、インフラ、通信、先端技術などのあらゆる部門を支えることができる。逆に、エネルギー・システムを利用できなければ、人間開発と経済発展の障害となる。

目標8 包摂的かつ持続可能な経済成長及びすべての人々の完全かつ生産的な雇用と働きがいのある人間らしい雇用(ディーセント・ワーク)を促進する

主なターゲット

8.1 各国の状況に応じて、一人当たり経済成長率を持続させる。特に後発開発途上国は少なくとも年率7%の成長率を保つ。

8.4 2030年までに、世界の消費と生産における資源効率を漸進的に改善させ、先進国主導の下、持続可能な消費と生産に関する10カ年計画枠組みに従い、経済成長と環境悪化の分断を図る。

8.5 2030年までに、若者や障害者を含むすべての男性及び女性の、完全かつ生産的な雇用及び働きがいのある人間らしい仕事、ならびに同一労働同一賃金を達成する。

8.8 移住労働者、特に女性の移住労働者や不安定な雇用状態にある労働者など、すべての労働者の権利を保護し、安全・安心な労働環境を促進する。

8.9 2030年までに、雇用創出、地方の文化振興・産品販促につながる持続可能な観光業を促進するための政策を立案し実施する。

現実の課題

- 全世界的な男女の賃金格差は23%あり、男性の就労率94%に対し、女性は63%にとどまる。
- 2016年の時点で、全世界の労働者の61%がインフォーマル・セクター(靴磨きや行商など、公式に記録されない仕事)で雇用されている。
- 仕事に就いていても、貧困から脱出するために十分な稼ぎを得られていない約7億8,300万人の労働条件を改善する必要がある。

《なぜ目標達成を目指すべきか》

人々の生産性が上がり、それぞれの国の成長に貢献できれば、社会全体に利益が及ぶ。生産的な雇用と「ディーセント・ワーク(働きがいのある人間らしい仕事)」は、公正なグローバリゼーションと貧困削減の達成にカギを握る要素となる。失業を放置しておけば、社会不安が生じ、平和が乱されるおそれもある。

目標9 強靱(レジリエント)なインフラ構築、包摂的かつ持続可能な産業化の促進及びイノベーションの推進を図る

主なターゲット

9.1 すべての人々に安価で公平なアクセスに重点を置いた経済発展と人間の福祉を支援するために、地域・越境インフラを含む質の高い、信頼でき、持続可能かつ強靱(レジリエント)なインフラを開発する。

9.2 包摂的かつ持続可能な産業化を促進し、2030年までに各国の状況に応じて雇用及びGDPに占める産業セクターの割合を大幅に増加させる。後発開発途上国については同割合を倍増させる。

9.4 2030年までに、資源利用効率の向上とクリーン技術及び環境に配慮した技術・産業プロセスの導入拡大を通じたインフラ改良や産業改善により、持続可能性を向上させる。すべての国々は各国の能力に応じた取組を行う。

現実の課題

- 多くの開発途上国では依然、道路や情報通信技術、衛生施設、電力、水道といった基礎インフラが整備されていない。
- 世界人口の16%は、依然、携帯ブロードバンド・ネットワークにアクセスできない。
- 多くのアフリカ諸国では、インフラの未整備により、企業の生産性が約40%損なわれている。
- 製造業で雇用が1件増えれば、他の部門で2.2件の雇用が生まれる。

《なぜ目標達成を目指すべきか》

貧困を根絶し、持続可能な開発を前進させるというグローバルな開発アジェンダの推進に産業が何もしなければ、貧困の根絶はさらに難しくなる。また、インフラ整備と技術革新の促進を怠れば、医療の劣化、衛生施設の不足、教育へのアクセスも限られるという結果を招く。

目標10

各国内及び各国間の不平等を是正する

主なターゲット

10.1 2030年までに、各国の所得下位40%の所得成長率について、国内平均を上回る数値を漸進的に達成し、持続させる。

10.2 2030年までに、年齢、性別、障害、人種、民族、出自、宗教、あるいは経済的地位その他の状況に関わりなく、すべての人々の能力強化及び社会的、経済的及び政治的な包含を促進する。

10.3 差別的な法律、政策及び慣行の撤廃、ならびに適切な関連法規、政策、行動の促進などを通じて、機会均等を確保し、成果の不平等を是正する。

10.4 税制、賃金、社会保障政策をはじめとする政策を導入し、平等の拡大を漸進的に達成する。

10.6 地球規模の国際経済・金融制度の意思決定における開発途上国の参加や発言力を拡大させることにより、より効果的で信用力があり、説明責任のある正当な制度を実現する。

現実の課題

- 20%の最貧層世帯の子どもは依然、20%の最富裕層の子どもに比べ、5 歳の誕生日を迎える前に死亡する確率が 3 倍も高い。
- とくに途上国の農村部の女性は、都市部の女性に比べ、出産中の死亡率が3倍も高い。
- 所得の不平等の中には、男女間を含む世帯内の不平等に起因するものが 30%に及ぶ。女性は男性に比し、平均所得の50%未満で暮らす可能性が高い。

《なぜ目標達成を目指すべきか》

依然、世界には理不尽な差別がさまざまなかたちで根強く残っている。社会的弱者や社会から疎外されたコミュニティの人々に機会やサービス、生活を向上できるチャンスがなければ、すべての人にとって地球をよりよい場所にすることはできない。

目標11

包摂的で安全かつ強靱(レジリエント)で持続可能な都市及び人間居住を実現する

主なターゲット

11.1 2030年までに、すべての人々の、適切、安全かつ安価な住宅及び基本的サービスへのアクセスを確保し、スラムを改善する。

11.3 2030年までに、包摂的かつ持続可能な都市化を促進し、すべての国々の参加型、包摂的かつ持続可能な人間居住計画・管理の能力を強化する。

11.4 世界の文化遺産及び自然遺産の保護・保全の努力を強化する。

11.6 2030年までに、大気の質及び一般並びにその他の廃棄物の管理に特別な注意を払うことによるものを含め、都市の一人当たりの環境上の悪影響を軽減する。

11.7 2030年までに、女性、子ども、高齢者及び障害者を含め、人々に安全で包摂的かつ利用が容易な緑地や公共スペースへの普遍的アクセスを提供する。

現実の課題

- スラム住民は8億8,300 万人に上るが、そのほとんどは東アジアと東南アジアで暮らす。
- 全世界の25歳～34歳で極度の貧困の中で暮らす人々は、男性100人当たり女性122人。
- 2016年の時点で、都市住民の90%は安全でない空気を吸い、大気汚染による死者は420万人に上る。全世界の都市人口の過半数は、安全基準の2.5倍以上に相当する水準の大気汚染にさらされている。

《なぜ目標達成を目指すべきか》

スラムの住民は8億8,300万人もいて、増え続けている。陸地面積のわずか3%相当の都市が、エネルギー消費の60～80%、炭素出量の75%を占める。社会的、経済的な損失を回避するには、気候変動や自然災害の影響を受けやすい都市のレジリエンス構築が欠かせない。

12 つくる責任 つかう責任

目標12

持続可能な生産消費形態を確保する

主なターゲット

12.1 開発途上国の開発状況や能力を勘案しつつ、持続可能な消費と生産に関する10年計画枠組み（10YFP）を実施し、先進国主導の下、すべての国々が対策を講じる。

12.2 2030年までに天然資源の持続可能な管理及び効率的な利用を達成する。

12.3 2030年までに小売・消費レベルにおける世界全体の一人当たりの食料の廃棄を半減させ、収穫後損失などの生産・サプライチェーンにおける食品の損失を減少させる。

12.5 2030年までに、廃棄物の発生防止、削減、再生利用及び再利用により、廃棄物の発生を大幅に削減する。

12.8 2030年までに、人々があらゆる場所において、持続可能な開発及び自然と調和したライフスタイルに関する情報と意識を持つようにする。

現実の課題

- 2050年までに世界人口が96億人に達した場合、現在の生活様式を持続させるためには、地球が3つ必要になりかねない。
- 淡水にアクセスできない人々は、依然として10億人を超えている。
- 毎年、生産される食料全体の3分の1に相当する13億トン、約1兆ドルの食料が、消費者や小売業者のゴミ箱で腐ったり、劣悪な輸送・収穫実践によって傷んだりしている。

《なぜ目標達成を目指すべきか》

今後20年間に、全世界でさらに多くの人が中間層に加わるが、それにともない天然資源に対する需要が増すため、消費と生産のパターンを変える行動を起こさなければ、環境に取り返しのつかない損害を与えてしまう。

目標13

気候変動及びその影響を軽減するための緊急対策を講じる

主なターゲット

13.1 すべての国々において、気候関連災害や自然災害に対する強靱性（レジリエンス）及び適応力を強化する。

13.2 気候変動対策を国別の政策、戦略及び計画に盛り込む。

13.3 気候変動の緩和、適応、影響軽減及び早期警戒に関する教育、啓発、人的能力及び制度機能を改善する。

13.b 後発開発途上国及び小島嶼開発途上国において、女性や青年、地方及び社会的に疎外されたコミュニティに焦点を当てることを含め、気候変動関連の効果的な計画策定と管理のための能力を向上するメカニズムを推進する。

※国連気候変動枠組条約（UNFCCC）が、気候変動への世界的対応について交渉を行う基本的な国際的、政府間対話の場であると認識している。

現実の課題

- 1880年から2012年にかけ、地球の平均気温は0.85℃上昇した。
- 海水温が上昇し、雪氷の量が減少した結果、1901年から2010年にかけて、世界の平均海水面は19cm上昇した。
- 全世界の二酸化炭素（CO_2）排出量は1990年以来、50%近く増大している。
- 現状における温室効果ガスの濃度と排出の継続を勘案すると、地球の平均気温上昇は、今世紀末までに1.5℃を上回る可能性が高い。

《なぜ目標達成を目指すべきか》

人間の活動に起因する気候変動が暴風雨や災害、さらには紛争の原因となりかねない食料・水不足などの脅威をさらに悪化させる。何も対策をしなければ、地球の平均気温上昇は3℃を超え、あらゆる生態系に悪影響が及ぶ。

目標14 持続可能な開発のために海洋・海洋資源を保全し、持続可能な形で利用する

主なターゲット

14.1 2025年までに、海洋堆積物や富栄養化を含む、特に陸上活動による汚染など、あらゆる種類の海洋汚染を防止し、大幅に削減する。

14.2 2020年までに、海洋及び沿岸の生態系に関する重大な悪影響を回避するため、強靱性（レジリエンス）の強化などによる持続的な管理と保護を行い、健全で生産的な海洋を実現するため、海洋及び沿岸の生態系の回復のための取組を行う。

14.6 開発途上国及び後発開発途上国に対する適切かつ効果的な、特別かつ異なる待遇が、世界貿易機関（WTO）漁業補助金交渉の不可分の要素であるべきことを認識した上で、2020年までに、過剰漁獲能力や過剰漁獲につながる漁業補助金を禁止し、違法・無報告・無規制（IUU）漁業につながる補助金を撤廃し、同様の新たな補助金の導入を抑制する。

現実の課題

- 海洋と沿岸部の生物多様性に依存して生計を立てている人々は、30億人を超える。
- 世界全体で、海洋と沿岸の資源と産業の市場価値は年間3兆ドルと、全世界のGDPの約5%に相当する。
- 漁業への補助金は、多くの魚種の急速な枯渇を助長するとともに、世界の漁業と関連雇用を守り、回復させようとする取り組みを妨げており、それによって海面漁業の収益は年間500億米ドル目減りしている。

《なぜ目標達成を目指すべきか》

世界の海に流れ込むゴミの量の増加が環境と経済に大きな悪影響を及ぼしつつある。生物多様性を損なうだけでなく、ずさんな海洋管理による魚の乱獲によって、漁業部門の経済的利益の損失は、年間500億米ドルにも上る。

目標15 陸域生態系の保護、回復、持続可能な利用の推進、持続可能な森林の経営、砂漠化への対処、ならびに土地の劣化の阻止・回復及び生物多様性の損失を阻止する

主なターゲット

15.1 2020年までに、国際協定の下での義務に則って、森林、湿地、山地及び乾燥地をはじめとする陸域生態系と内陸淡水生態系及びそれらのサービスの保全、回復及び持続可能な利用を確保する。

15.2 2020年までに、あらゆる種類の森林の持続可能な経営の実施を促進し、森林減少を阻止し、劣化した森林を回復し、世界全体で新規植林及び再植林を大幅に増加させる。

15.3 2030年までに、砂漠化に対処し、砂漠化、干ばつ及び洪水の影響を受けた土地などの劣化した土地と土壌を回復し、土地劣化に荷担しない世界の達成に尽力する。

15.8 2020年までに、外来種の侵入を防止するとともに、これらの種による陸域・海洋生態系への影響を大幅に減少させるための対策を導入し、さらに優先種の駆除または根絶を行う。

現実の課題

- 2010年から2015年にかけ、世界では330万ヘクタールの森林が失われた。
- 毎年、干ばつと砂漠化によって1,200万ヘクタール（日本の国土面積の約3分の1）の土地が失われている。これは1年間で2,000万トンの穀物が栽培できる面積に当たる。
- 確認されている8,300の動物種のうち、8%は絶滅し、22%が絶滅の危機にさらされている。

《なぜ目標達成を目指すべきか》

人間の活動と気候変動による生態系の混乱に起因する自然災害はすでに、全世界で年3,000億米ドル超の被害をもたらしている。持続可能なかたちで森林を管理し、砂漠化に対処し、土地の劣化を食い止めなければ、全生物種の生息地の喪失、淡水の水質低下、大気中への炭素排出量の増大などの問題を引き起こす。

目標16 持続可能な開発のための平和で包摂的な社会を促進し、すべての人々に司法へのアクセスを提供し、あらゆるレベルにおいて効果的で説明責任のある包摂的な制度を構築する

主なターゲット

16.1 あらゆる場所において、すべての形態の暴力及び暴力に関連する死亡率を大幅に減少させる。

16.2 子どもに対する虐待、搾取、取引及びあらゆる形態の暴力及び拷問を撲滅する。

16.3 国家及び国際的なレベルでの法の支配を促進し、すべての人々に司法への平等なアクセスを提供する。

16.5 あらゆる形態の汚職や贈賄を大幅に減少させる。

16.6 あらゆるレベルにおいて、有効で説明責任のある透明性の高い公共機関を発展させる。

16.7 あらゆるレベルにおいて、対応的、包摂的、参加型及び代表的な意思決定を確保する。

16.9 2030年までに、すべての人々に出生登録を含む法的な身分証明を提供する。

16.10 国内法規及び国際協定に従い、情報への公共アクセスを確保し、基本的自由を保障する。

現実の課題

- 腐敗が最も広がっている制度の中には、司法と警察が含まれている。
- 贈収賄や横領、窃盗、脱税は、開発途上国に年間およそ1兆2,600億ドルの被害を及ぼしている。これは、1日1.25ドル未満で暮らす人々を少なくとも6年間、1.25ドル以上で生活させることができる金額に相当する。
- 紛争被災地域には、小学校就学年齢で学校に通えない子どもがおよそ2,850万人いる。

《なぜ目標達成を目指すべきか》

SDGsの達成には、すべての人々が、いかなる形態の暴力も受けず、民族や信条、性的指向に関係なく、安心して生活を送れる必要がある。各国政府と市民社会、コミュニティーは結束して、暴力を減らし、正義を実現し、腐敗と闘い、社会的包摂を高める必要がある。

目標17 持続可能な開発のための実施手段を強化し、グローバル・パートナーシップを活性化する

主なターゲット

17.1 課税及び徴税能力の向上のため、開発途上国への国際的な支援なども通じて、国内資源の動員を強化する。

17.2 先進国は、開発途上国に対するODAをGNI比0.7%に、後発開発途上国に対するODAをGNI比0.15~0.20%にするという目標を達成するとの多くの国によるコミットメントを含むODAに係るコミットメントを完全に実施する。ODA供与国が、少なくともGNI比0.20%のODAを後発開発途上国に供与するという目標の設定を検討することを奨励する。

17.4 必要に応じた負債による資金調達、債務救済及び債務再編の促進を目的とした協調的な政策により、開発途上国の長期的な債務の持続可能性の実現を支援し、重債務貧困国（HIPC）の対外債務への対応により債務リスクを軽減する。

現実の課題

- 2014年の政府開発援助（ODA）総額は1,352億ドルと、過去最高の水準を記録した。
- 40億人以上がインターネットを利用できておらず、しかもその90%は開発途上地域に暮らしているが、アフリカのインターネット利用者は、過去4年間でほぼ2倍に増えた。

《なぜ目標達成を目指すべきか》

SDGsは普遍的であり、先進国、途上国を問わず、すべての国に「誰ひとり取り残さない」ための行動を求めている。そのSDGsを達成するには、各国政府、市民社会、科学者、学界、民間セクターを含む全員の結束が必要である。特に開発途上国の持続可能なエネルギー、インフラ・輸送、情報通信技術（ICT）には、外国直接投資を含む長期投資が必要とされており、民間資金による変革力に大きな期待がかかる。

Index

記号・アルファベット

あ 行

か 行

さ 行

た 行

な 行

は行

ま行

ら行

■ 問い合わせについて

本書の内容に関するご質問は、下記の宛先までFAXまたは書面にてお送りください。
なお電話によるご質問、および本書に記載されている内容以外の事柄に関するご質問には
お答えできかねます。あらかじめご了承ください。

〒162-0846
東京都新宿区市谷左内町21-13
株式会社技術評論社　書籍編集部
「60分でわかる！　SDGs超入門」質問係
FAX：03-3513-6181

※ご質問の際に記載いただいた個人情報は、ご質問の返答以外の目的には使用いたしません。
また、ご質問の返答後は速やかに破棄させていただきます。

60分でわかる！ SDGs超入門

2019年11月29日　初版　第１刷発行
2021年12月25日　初版　第15刷発行

著者……………………バウンド
監修……………………功能聡子、佐藤寛

発行者…………………片岡　巌
発行所…………………株式会社 技術評論社
東京都新宿区市谷左内町 21-13
電話……………………03-3513-6150　販売促進部
03-3513-6185　書籍編集部
編集……………………有限会社バウンド
担当……………………橘　浩之
装丁……………………菊池　祐（株式会社ライラック）
本文デザイン・DTP…山本真琴（design.m）
校正……………………原田　周子
製本／印刷……………大日本印刷株式会社

定価はカバーに表示してあります。

造本には細心の注意を払っておりますが、万一、乱丁（ページの乱れ）や落丁（ページの抜け）がございましたら、小社販売促進部までお送りください。送料小社負担にてお取り替えいたします。

ISBN978-4-297-10969-1 C3055
Printed in Japan